河北省社会科学基金项目（HB18GL027）

河北省城市安全标准化管理模式创新研究

赵鹏飞　著

中国纺织出版社有限公司

内 容 提 要

本书基于构建的城市安全管理基础理论框架，以河北省历年城市灾害案例为分析对象，结合问卷调查结论，系统分析了河北省城市安全状况、安全管理现状、安全管理不足与问题，构建了以风险管理为核心的河北省城市安全标准化管理模式，确定了河北省城市安全管理的组织、流程、制度、保障措施；最后，以河北省城市社区为例，分析构建了居民社区、工业社区、商业区、校园的安全标准化管理模式，通过安全社区建设全面提升河北省城市安全管理水平，保障河北省城市安全工作有序开展。

图书在版编目（CIP）数据

河北省城市安全标准化管理模式创新研究 / 赵鹏飞著. -- 北京：中国纺织出版社有限公司，2022. 11

ISBN 978-7-5229-0063-6

Ⅰ. ①河… Ⅱ. ①赵… Ⅲ. ①城市管理－安全管理－标准化管理－研究－中国 Ⅳ. ①X92②D63

中国版本图书馆CIP数据核字（2022）第210513号

策划编辑：曹炳镝　段子君　　责任编辑：段子君

责任校对：高　涵　　责任印制：储志伟

中国纺织出版社有限公司出版发行

地址：北京市朝阳区百子湾东里 A407 号楼　邮政编码：100124

销售电话：010—67004422　传真：010—87155801

http://www.c-textilep.com

中国纺织出版社天猫旗舰店

官方微博 http://weibo.com/2119887771

三河市延风印装有限公司印刷　各地新华书店经销

2022 年 11 月第 1 版第 1 次印刷

开本：710 × 1000　1/16　印张：17.5

字数：204 千字　定价：99.00 元

前言

城市是一个由众多因素复杂地结合在一起的有机整体，城市安全是城市持续发展、城市居民安居乐业的基础和前提。然而，城市系统日益复杂，城市人口数量不断增多，加之新材料、新技术、新工艺的应用，现代城市面临的安全风险日益增多，城市的安全管理难度不断增强。有效整合城市各类资源、优化城市安全管理流程，进而创新城市安全管理模式，是提升现代城市安全管理能力的必由之路。河北省是首都北京连接全国各地的交通枢纽，城市安全至关重要。在京津冀协同发展战略顺利实施、雄安新区建设稳步推进的大环境下，河北省城市的发展面临着前所未有的重大机遇，同时也面临着安全管理方面的巨大挑战。

基于上述现实问题，本书将构建城市安全管理的基础理论框架，系统分析河北省城市安全管理现状、问题及原因，建立以“标准规范体系构建→城市风险辨识与评估→城市风险应对→城市风险监控→城市突发事件应急救援”为流程与核心的河北省城市安全标准化管理模式，有效统筹河北省城市安全管理资源、优化城市安全管理流程、健全城市安全管理制度、提升城市安全管理效力，最终实现河北省城市安全，为河北省高质量发展创造安全、稳定的环境。最后，基于构建的河北省城市安全标准化管理模式，以河北省城市居民社区、城市工业社区、城市商业区以及城市校园为研究对象，构建了各类城市社区的安全标准化管理模式，以有效推动河北省城市安全发展。

本书由赵鹏飞总策划和统稿，贺阿红和邢秀敏承担了大量的组织协调、项目调研、资料整理等任务。各章内容分工如下：前言、第1章 导论、第2章 城市安全管理基础理论框架、第4章 河北省城市突发事件的影响与危害、第5章 河北省城市安全标准化管理模式由赵鹏飞完成；第3章 河北省城市安全现状与存在的问题、附录：河北省城市安全状况满意度调查问卷由贺阿红完成；第6章 河北省城市社区安全标准化管理模式、第7章 研究结论由邢秀敏完成。

最后，衷心感谢在本书的撰写过程中提出许多宝贵建议的朋友们和书中引用的相关文献的作者们，向国内外诸多开展城市安全研究的学者们表示深深的敬意和感谢。本书的研究和出版得到了河北省社会科学基金项目（HB18GL027）的资助，在此也一并感谢。此外，由于作者水平有限，本书难免存在不足之处，敬请广大读者批评指正，在此表示衷心的感谢！

著者

2022年6月

目录

第1章 导论

城市安全是城市经济社会发展的前提和保障，也是实现国家安全的关键。因此，明确现代城市安全管理的关键点，系统分析城市安全管理各个环节存在的问题与不足，从而找到合理有效的城市安全管理方法是提升城市安全管理水平的关键。

1.1 研究背景与研究意义

1.1.1 研究背景

城市是一个政治经济文化高度集中的综合体，具有人口集中、建筑物集中、生产集中、财富集中、灾害和事故集中等特点。在城市的运行、发展过程中，总是随着各种自然灾害、事故灾难、公共卫生事件和社会安全事件，严重威胁了城市公众的生产与生活秩序[1]。因此，城市的安全保障是城市建设、发展的首位要求，城市良好的安全状况是城市公众的基本需求，是城市竞争能力和城市形象的重要表现，也是衡量城市政府部门公共服务能力的关键指标。

1.1.1.1 城市安全形势严峻，重大灾害事件时有发生

城市是一个复杂的系统，城市的安全管理工作涉及范围广泛，包括城市生态环境安全、城市社会治安安全、城市食品安全、城市交通安全、城市医疗卫生安全、城市公共生活设施安全、城市社会保障安全、城市经济安全、城市信息安全等内容，加之相关领域间存在相互交叉、相互影响的复杂关系，进一步加大了城市安全管理任务和难度[2]。近年来城市自然灾害、事故灾难、社会安全事件、公共卫生事件时有发生，造成了严重的社会危害和影响（如表 1–1 所示）。

表1–1　近年来国内发生的典型城市突发事件

事件类型	事件	时间	基本情况	伤亡损失
城市自然灾害	5・12汶川地震	2008年5月12日	严重破坏地区超过10万平方千米	69227人死亡，374643人受伤，17923人失踪
	北京暴雨	2012年7月21日至22日	北京及其周边地区遭遇61年来最强暴雨及洪涝灾害	79人死亡，10660间房屋倒塌，160.2万人受灾，经济损失116.4亿元
城市事故灾难	上海“11・15”特大火灾事故	2010年11月15日	外墙装修，违规使用堆放材料，引发大火	58人死亡，70余人受伤
	响水“3・21”特大爆炸事故	2019年3月21日	长期违法储存危险废物导致自燃进而引发爆炸的特别重大生产安全责任事故	78 人死亡，700余人受伤，直接经济损失198635.07万元
城市社会安全事件	6.5成都公交车纵火案	2009年6月5日上午8时2分	公交车上人为纵火，造成大量乘客伤亡	27人遇难74人受伤
城市公共卫生事件	SARS事件	2003年	2002年在中国广东首发，并扩散至东南亚乃至全球	900多人死亡，引发巨大的社会恐慌
	新型冠状病毒事件	2020年	新型冠状病毒传播速度快，感染性强	截至2020年7月14日全球累计确诊病例13201922例，死亡572307例

由表 1–1 可以看出，城市面临的突发事件危害是巨大的，在预防和控制方面存在着很大的难度。城市突发事件的发生造成了严重的人员伤亡和经济损失，部分突发事件波及范围广，在很大程度上影响了城市公众的生活秩序，造成了较大的公众心理恐慌，降低了政府的公信力。总的来说，

当前城市在发展过程中存在以下难题。

（1）城市规模急剧扩张，基础设施承载能力不足。2021 年，第七次全国人口普查结果显示，全国人口总数为 1443497378 人。全国人口与 2010 年第六次全国人口普查的 1339724852 人相比，增加 72053872 人，增长 5.38%，年平均增长率为 0.53%。其中城镇常住人口 91425 万人，占全国人口比重（常住人口城镇化率）为 64.72%，比上年末提高 0.83 个百分点[3]。与 2010 年相比，12 年来我国城镇化率增长了近 15 个百分点（如图 1–1 所示）。

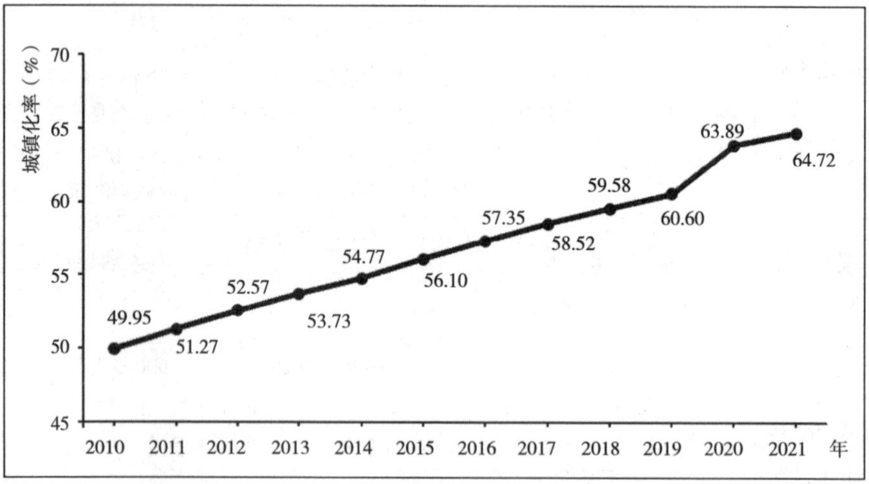

图1–1　2010—2021年中国城镇化率走势

城镇化的快速增长，对于推动城市经济发展、提高人民生活水平具有重要意义。但是，在看到城镇化快速发展带来好处的同时，也不能忽视城镇化快速发展所带来的不利影响。总的来说，城镇化快速发展带来以下三个方面的不利影响。

第一，在城镇化快速发展的过程中，城市安全规划出现滞后。城市安全规划是指在对一个城市地区进行安全现状调查、风险评价、预测由于城市发展引起变化的基础上，根据安全科学原则提出以保护和改善城市安全为目的而对城市进行的战略性布局[4]。城市安全规划的目的是通过预先的科学规划，保障城市区域内公众的生产和生活在城市发展过程中能够有序进行，在城市灾害发生时将灾害的影响降到最低。因此，在城市建设和发展过程中，应该重视城市的安全规划工作，依据安全科学原理对城市生产、生活要素的选址进行科学的预先规划，将不同要素合理布置在城市的相应位置，使其相互间影响尤其是发生意外情况时的破坏降至最低[5]。然而，很多城市在建设发展过程中，对安全规划重视程度不够，过多地从商业开发和短期盈利角度不断加大开发力度，防灾减灾能力建设长期欠缺，严重滞后，从而出现了城市生产和生活要素布局不合理、城市公众安全保障水平降低的情况，这在很大程度上降低了城市的系统安全性，对城市居民的安全造成了很大威胁。

第二，城市基础设施的建设速度跟不上城镇化的发展速度。城市的基础设施一般指能源供给系统、给排水系统、道路交通系统、通信系统、环境卫生系统以及城市防灾系统等六大系统。近年来发生的低温雨雪冰冻灾害、城市暴雨被淹灾害、地震灾害等，在很大程度上暴露出城市基础设施在抗灾方面的不足[6]。总的来说，主要存在部分城市基础设施在自然灾害方面设防标准偏低、供应保障能力不足、安全防护措施欠缺、不同系统交叉布置且相互影响，一旦发生城市自然灾害或事故灾难，部分城市基础设施往往会出现供应不足，甚至中断的情况，严重降低了城市应对突发事件的能力。同时，我们对城市生命线系统与其他灾害的次生、衍生和耦合规律仍不清楚，对城市生命线系统事故导致的社会后果分析能力明显不足[7]。城市基础设施的网络化、交叉化带来了相对集中的能量，地下管线（水、电、气、热等）、地面交通高度关联化，极易造成连锁事故，如果应急处置不当，容易造成事故快速发展，甚至直接影响整个城市的运行秩序，严重威胁城市居民生产与生活的和谐稳定。

第三，城市工业布局和产业结构出现不合理。随着城镇化快速发展，城市就业人口持续增加、城市规模逐步扩大，为工业发展提供良好的外部环境，城市化开始加速并吸引工业企业进一步向城市集中，聚集经济得到进一步发展，城市化由工业化驱动后又借助需求拉动促进工业化的发展[8]。在城市工业化快速发展的同时，很多城市出现了城市内部产业结构不合理的现象，化工厂、制造厂都位于市区，在很大程度上加大了城市的安全隐患。比如，2015 年 8 月 12 日发生的天津港瑞海公司危险化学品仓库爆炸事件中，距离该仓库数百米远的多个居民小区内 17000 余户的住房和公共建筑（包括轻轨站）均遭到严重破坏；2015 年 8 月 22 日晚，山东省淄博市润兴化工厂爆炸事故，以及 2015 年 8 月 31 日 23 时 22 分，山东东营市滨源化学有限公司爆燃事故中，工厂 1 千米范围内都有居民生活。在天津港“8 · 12”特别重大火灾事故发生后，全国各省上报需要搬迁的化工企业近 1000 家，搬迁费用预计近 4000 亿元人民币，搬迁的主要原因就是这些工业企业与周边社区的距离过近，安全风险较大[9]。另外，部分城市工业企业基础设施与城市生命线系统交叉布局，一旦工业企业发生生产安全事故，很可能对城市的生命线系统造成破坏，进一步影响城市公众的生活秩序。比如，发生在 2013 年 11 月 22 日的“11 · 22”青岛黄岛输油管爆炸事件，造成 62 人死亡、136 人受伤，直接经济损失 7.5 亿元。这次事故暴露出的突出问题是规划设计不合理，该企业在事故发生地段的油气管道与周边建筑物距离太近，特别是输油管道与排水暗渠交叉工程设计不合理，存在重大隐患。这种交叉影响的情况在城市中肯定不是个例，那么如何降低此类风险带来的巨大危害就值得人们反思。

（2）城市人口密集程度高，风险容易扩大化。随着城镇化进程不断加快，城市人口密度不断加大，2010 年我国城镇常住人口为 66978 万人，2021 年达到 91425 万人，12 年时间增长近 3 万人（如图 1–2 所示）。人口数量的增长进一步增加了城市的风险程度：一是城市人口数量不断增加，人口流动性进一步增强，在很大程度上加大了城市的管理难度[10]；二是城市人口数量增加，各种社会活动频繁，商场、剧场、影院、体育馆等公共场所人口密度增大，对安全设施的要求进一步增强，同时潜在的安全风险逐步提升；三是城市人口数量的增加，进一步增加了对城市交通基础设施的需求，加之私家车数量急剧增长，城市交通安全隐患逐步增加；四是城市人口数量的增加使得购房需求不断增长，进一步促进了城市建筑的集中化和高度化，提升了城市的风险程度；五是城市人口的密集化加快了城市灾害事件网络舆情的快速传播，如果不能及时有效地控制，往往会引发更为广泛的次生灾害，进一步影响城市居民的生活秩序，甚至引发更为严重的社会危害事件。

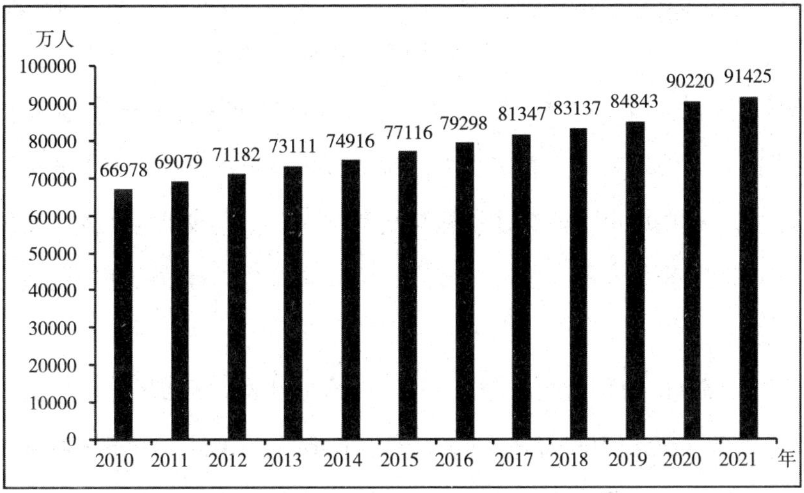

图1–2　2010~2021年中国城镇人口数量统计

（3）城市空间危险源分布广泛，安全管理难度大。

第一，在城市人口集中、建筑密度过大、安全规划不足的大背景下，城市空间的安全弹性容量进一步降低，各种自然灾害及安全事故的危害具有放大及加剧作用。同时，城市空间中危险源分布较为广泛，城市基础设施安全应对能力相对弱化，公共空间安全隐患增多，都在很大程度上提高了城市的整体风险水平。城市居民区、城市工业区、城市大型公共场所（超市、剧院、电影院等）、城市道路交通等各个领域都存在一定的危险源。《21世纪国家安全文化建设纲要》中指出，中国20世纪90年代的年均自然灾害、事故灾难、公害三类损失之和就已经占了国民生产总值的10%以上，几乎相当于国家财政收入的40%，且大量损失及危害都集中在防范灾害能力脆弱的城市中[11]。城市空间广泛的危险源在很大程度上增加了城市安全管理的难度。

第二，对于相关生产要素、生活要素的垂直管理体系较为完备，分工较为明确，但是各部门横向之间的职责分工关系并不十分明确，存在职责交叉和管理脱节的现象，协调能力存在较大不足，致使安全管理难度进一步加大[12]。例如，对于化工厂爆炸事故来说，可能涉及安全生产监督管理部门、环保部门、生产运输部门等，这些部门间如何进行有效的协调，形成事故安全管理和应急救援合力，对于事故预防及救援有着十分重要的意义。尤其存在城市工业企业设施与城市供水、供电或供气系统交叉的情况时，某项工作的开展可能涉及多家单位共同参与，有效的横向沟通协调十分重要。

第三，城市空间风险信息沟通和共享较为欠缺。城市风险信息的沟通与共享是有效预先做好风险应对，降低风险损失的关键。由于多数城市缺乏综合性的风险信息收集与分析平台，城市风险信息不能实现互联互通与共享。政府、救援机构、公众有时候对于相关危险源的信息了解不够，在很大程度上加大了城市灾害的危害程度[13]。例如，在城市工业事故灾难相关报道中，存在多起城市公众不知道自己小区周围存在这样大的安全隐患，更有相关事故中消防救援人员对救援场所危险信息不明确的情况。信息沟通不畅，信息无法共享，在很大程度上增加了城市安全管理的难度。

第四，新材料、新能源、新工艺在各个领域的广泛应用，给城市的运行、发展带来了许多新的风险。随着科技的发展，为了提高工作效率，降低生产成本和环境影响，越来越多的新材料、新能源、新工艺被广泛应用，但是人们对许多新生事物带来的潜在风险的认识还存在严重不足[14]。因此，新的城市风险也就出现了。

（4）风险意识不足，危机应对能力欠缺。风险意识是有效应对城市安全风险的基础，政府部门、城市公众具备较强的风险意识，才会主动关注城市安全，重视城市安全风险，才会主动学习安全知识、应急技能，提高危机应对的能力。从政府角度来讲，许多城市管理部门缺乏风险意识，往往是灾害发生后才会意识到相应的风险，城市风险管理和安全规划不足，对城市生产、生活中存在的重大危险缺乏有效的识别与控制，缺少防灾减灾计划，没有做到未雨绸缪，导致应急准备不足，无法有效地处置城市灾害事件。

从城市公众角度来看，城市公众普遍存在风险意识淡薄，危机应对能力不足的情况。总的来讲，城市公众对于城市工业企业事故风险、城市交通风险、城市火灾风险等的关注程度不够，主动学习安全知识、灾害应对知识的意识极低[15]。当前，我国对城市居民的防灾减灾、风险教育、应急能力科普方面的工作较为欠缺。应该明确的是，各种非政府组织、社区、企业、新闻媒体、城市公众在城市危机应对中都起着重要的作用。比如，对于城市工业企业事故灾难来说，企业有安全投入、风险防控、信息披露的义务，社会组织、社会媒体有监督举报的权利，新闻媒体有曝光、正面传达信息的权利。城市的安全工作，需要政府、新闻媒体、社会组织以及城市公众共同参与才能完成。因此，应该进一步加强风险意识教育，进一步推动城市灾害应急能力的科普工作，提高政府、社会组织以及城市公众的风险意识和灾害应对能力。

1.1.1.2 政府重视城市安全，大力推动城市安全发展

党的十九大报告强调，要坚持总体国家安全观，统筹发展和安全的关系。城市作为一个国家的核心单元，其安全发展是促进国家安全的重要基础。为了全面推进城市安全发展，有效遏制城市自然灾害、事故灾难、社会安全事件以及公共卫生事件的发生，保障人民群众的生命财产安全，有效提升人民群众的安全感、幸福感[16]。中央政府十分重视城市安全发展，先后出台了一系列相关政策（如表1–2所示），强有力地推动了我国城市安全工作的有序开展。

各级地方政府积极响应中央要求，根据相关文件、会议精神，结合当地实际需求，积极开展城市安全建设工作。截至2020年7月，全国包括北京、上海、广州、深圳、重庆、南宁、扬州、兰州、长治、沈阳、宁波、南通等共有251个城市组织开展了安全发展示范城市创建活动，安全发展示范城市创建工作全面铺开，有效地提升了相关城市的安全水平。

表1–2 城市安全发展工作相关政策及内容

时间	部门	政策/会议内容
2005年10月	公安部	确定了22个试点城市，启动旨在全国范围内全面推动城市报警与监控技术系统建设的“3111”试点工作，推动了平安城市的建设
2011年11月	国务院	创建若干安全文化示范企业和安全发展示范城市，不断提高安全文化建设水平，切实发挥其对安全生产工作的引导和推动作用

续表

时间	部门	政策/会议内容
2013年1月	国务院安全生产委员会	为贯彻落实党的十八大和《国务院关于坚持科学发展安全发展促进安全生产形势持续稳定好转的意见》精神，决定开展安全发展示范城市建设工作，确定了10个示范城市试点单位，提出9项重点任务
2014年9月	国务院安委会办公室	同意河北省张家口市、辽宁省大连市、湖北省襄阳市为创建全国安全发展示范试点城市。明确了张家口、大连和襄阳三城市开展安全发展示范试点城市工作的目标及任务
2014年10月	国务院安委会办公室	起草了《国家安全发展示范城市建设基本规范（征求意见稿）》《国家安全发展示范城市考核指标体系（征求意见稿）》和《国家安全发展示范城市考评办法（征求意见稿）》，要求各省、自治区、直辖市及新疆生产建设兵团安全生产委员会办公室提出修改意见和建议
2015年12月	北京	分析城市发展面临的形势，明确做好城市工作的指导思想、总体思路、重点任务；论述了当前城市工作的重点，提出了做好城市工作的具体部署
2016年12月	国务院	构建系统性、现代化的城市安全保障体系，推进安全发展示范城市建设
2018年1月	中共中央办公厅 国务院办公厅	指出到2020年，城市安全发展取得明显进展，建成一批与全面建成小康社会目标相适应的安全发展示范城市；到2035年，城市安全发展体系更加完善，安全文明程度显著提升，建成与基本实现社会主义现代化相适应的安全发展城市
2019年11月	国务院安全生产委员会	构建了《国家安全发展示范城市评价细则（2019年版）》（一级项6个、二级项16个、三级项47个）、《国家安全发展示范城市评分标准（2019年版）》，明确了参加国家安全发展示范城市创建的任务和要求

续表

时间	部门	政策/会议内容
2020年7月	国务院安委办 应急管理部	深刻认识做好城市安全管理工作的重大意义，牢固树立安全发展理念，弘扬生命至上、安全第一的思想，以安全发展示范城市创建为契机，提高城市运行安全管理精细化水平，防范“认不清、想不到、管不到”的风险隐患，全面提高城市安全保障水平

1.1.1.3 河北省区位具有特殊性，城市安全需求迫切

在北京和天津的发展过程中，河北省在能源供应、交通输送等方面发挥着十分重要的作用。在京津冀协同发展、雄安新区快速建设的大背景下，河北省面临着巨大的机遇和挑战。京津冀协同发展、雄安新区战略的实施，将进一步推动河北省产业结构调整、基础设施升级、环境治理能力提升，促使河北省城市结构与功能更加合理化。同时，与北京、天津相比，河北省在各个方面都存在一定的差距，人口流动、产业结构调整、环境保护政策升级也将会给河北省城市安全管理带来新的挑战。

（1）地理位置特殊，河北省城市安全十分关键。河北省地理位置特殊，内环京津、外环渤海，与京津两市共同构成环渤海核心区域，是拱卫首都的京畿之地和北京联系全国各地的必经之所，也是华东、华南和西南等区域连接东北、西北、华北地区的枢纽地带。在这样的背景下，河北省城市的安全问题会在一定程度上影响到北京和天津。比如，一方面，如果河北省省内铁路线路出现问题，将直接或间接影响北京与其他地区的交通问题。另一方面，这样特殊的地理位置也在一定程度上增大了河北省人口的流动性，而人口流动性增大会进一步加大河北省城市安全管理的难度。

（2）河北省城市安全是京津冀协同发展战略实施的有力保障。京津冀协同发展战略的实施给河北省经济发展、产业结构升级、基础设施建设等带来了巨大的推动作用。但是，与北京和天津相比，河北省在产业结构、基础设施、环境保护方面存在一定的差距，这在一定程度上加大了河北省的城市管理难度。在交通一体化方面，便捷的交通在很大程度上推动了河北省经济发展，但是也会带来一定的不利因素。便捷的交通会进一步带来人员交往密切、人口流动频繁，务工、访友、学习、就医、旅游等活动的增加，致使基础设施承载能力面临很大挑战，户籍管理、流动人口管理难度加大，在很大程度上增加了相关城市的安全管理难度[17]。在生态环保与产业结构升级方面，河北省是重工业大省，面临着较大的环境问题，产业结构升级调整的任务艰巨。随着一系列环保政策的实施，重污染企业会面临限产、停产、迁址、裁员等问题，利益冲突、经济纠纷等可能大量增多，由此引发城市群体性事件的可能性会增加[18]。再者，需要关注的是企业迁址、降薪、裁员会在一定程度上增加企业员工的心理负担，由于自身的安全性、工作收入及生活稳定性可能无法得到保障，必然会出现一定的不安全心理，这种不安全心理会致使员工的行动和行为出现偏差，在工作中注意力难以集中、不能及时辨识风险，这对企业的生产安全是极为不利的，可能致使河北省城市工业企业安全事故风险增加。

（3）河北省城市安全是推动雄安新区建设的必要条件。雄安新区是一项疏解北京非首都功能和推进京津冀协同发展的历史工程，对于实现城市空间布局和空间结构科学合理调整具有重要意义。随着雄安新区战略的实施，将进一步推动京津冀协同发展战略实施，从而带动河北省经济社会发展[19]。因此，为了保障雄安新区建设工作的有序开展，河北省的城市安全十分关键。首先，河北省城市安全发展有利于形成良好的社会秩序，为雄安新区建设提供安全稳定的社会环境。其次，河北省城市的安全发展对于雄安新区人才引进、企业投资具有重要意义。因此，河北省城市的安全发展对雄安新区建设具有十分重要的意义。

1.1.2 研究意义

河北省在京津冀协同发展战略实施、雄安新区建设过程中发挥着举足轻重的作用，扮演着十分重要的角色。通过分析河北省城市安全状况，明确河北省城市安全管理中存在的问题，进而提出科学的城市安全管理模式，优化河北省城市安全管理流程和方法，对于提高河北省城市安全管理水平，推动京津冀协同发展战略实施、雄安新区建设具有重要的理论意义和实践意义。

1.1.2.1 理论意义

城市安全对于区域乃至国家的安全发展意义重大，城市突发事件的复杂性、多发性、危害性在很大程度上增加了城市安全管理的难度。

（1）通过分析找到河北省城市安全管理中存在的具体问题，构建城市安全管理的标准化模式，进而提出具体可行的安全保障措施，能够丰富城市的安全管理理论体系，实现城市安全管理的流程化、系统化、标准化。

（2）从公众视角找到城市安全管理问题并提出有效的应对措施，对于丰富公众参与下的城市安全管理理论具有重要意义。

（3）通过构建河北省城市安全管理模式，提升河北省城市安全水平，对其他城市安全建设提供理论借鉴，从而进一步丰富国家安全治理体系。

1.1.2.2 实践意义

城市是一个复杂的系统，面临的环境也是不断发生变化的。城市的安全发展是经济稳定增长、城市居民安居乐业的基础，因此，优化河北省城市安全管理流程与方法，是提升河北省城市突发事件应对能力的关键。

（1）通过该研究能够识别河北省城市安全管理中面临的突发事件类型、特点，进而明确河北省城市安全管理的重点。

（2）通过该研究能够找出河北省城市运行过程中潜在的不利因素，及时发现和掌握城市安全管理工作中的薄弱环节和不足，识别城市系统中存在的脆弱区域和可能导致灾害发生的条件，并给出针对性的改进措施，最终提升河北省城市的防灾抗灾能力。

（3）通过该研究能够明确城市安全管理的标准化流程，促进城市安全管理的流畅性、系统性，实现城市安全管理部门间的协调性，最终提升城市安全管理的效率与效果。

（4）通过该研究能够明确政府、企业、社会组织以及公众的安全责任，落实相关安全措施，不断提高政府的安全监管能力、企业安全生产水平、市民安全素质水平，为城市安全发展提供具体的方法与指导。

总之，通过研究河北省城市安全问题来发现城市突发事件的发生发展规律性，构建河北省城市安全管理的标准化模式，实现河北省城市安全管理的系统性、科学性，对于改善河北省城市安全状况、提高河北省城市安全管理水平、保障河北省城市居民生命、健康和财产安全具有重要意义。同时，河北省城市的安全发展必将带动河北省整体经济的发展，从而为京津冀协同发展战略实施、雄安新区建设提供良好的经济环境和安全环境。

1.2 国内外研究现状与评述

城市安全问题一直是备受关注的一个重点问题，国内外针对城市安全问题开展了一系列的研究工作，其核心目的就是如何有效提升城市的安全管理水平，有效预防城市突发事件，降低城市突发事件危害。通过对国内外研究进行系统梳理得出，国内外的相关研究工作主要从城市安全规划制定、城市应急能力建设及评价、城市安全评价、城市安全管理策略等方面展开并取得了大量的研究成果。

1.2.1 国内研究现状

近年来，我国在城市安全管理方面取得了较大的进展，北京、上海、深圳等城市先后开展了城市安全建设工作，取得了较为优异的成果，在很大程度上提高了城市安全管理水平。国内相关研究主要从城市安全规划、城市应急能力建设及评价、城市安全评价、城市安全管理策略四个方面开展。

（1）关于城市安全规划理论与实践的研究。城市安全规划方面，国内相关学者认为城市安全规划是城市规划与发展的关键要素。吕元（2005）将防灾理念引入城市规划中，建立了城市防灾空间系统及其规划原则，为城市防灾减灾奠定了理论基础[20]。刘茂等（2005）提出了基于风险分析的应急救援理论、方法及以城市综合规划、分区规划和专项规划为核心的三级城市安全规划体系，进一步丰富了城市安全规划的内容体系[21]。李维科和赵天宇（2008）从城市规划的角度对城市公共安全理论和方法进行研究，指出城市公共安全规划必须纳入法定规划体系，并成为城市规划的编制内容，进一步明确了城市安全规划的重要性[22]。叶晨（2008）等简述了城市总体规划编制过程中进行安全研究的内容以及区域定量风险评价的理论与方法，并运用 GIS 空间分析技术对中心城区的安全现状进行了定量风险评价的实证研究，为城市开展风险分析提供了新的方法[23]。张丛（2010）提出了城市安全空间体系的圈层划分方法和公共安全规划的核心内容，为城市安全规划制定提供了一种新的思路[24]。张翰卿（2011）指出城市规划在城市安全问题日益综合化的背景下所具有的重要意义，强调城市规划应该包括安全组织体系、安全空间系统、安全城市规划模式等内容[25]。万汉斌等（2011）针对特大城市安全灾害类型开展研究，将安全布局规划、安全设施规划、应急行动规划作为重要内容，深入研究了几种灾害的专项规划，为特大城市安全规划建设指明了方向[26]。郭湘闽等（2012）提出安全城市可以进行非常规安全规划，打造了“外松内紧”的安全规划体系，建构了全方位的立体安全体系，为城市安全发展奠定了坚实基础[27]。胡志良等（2012）在综合防灾理念下，针对城市公共安全基础设施在公共安全规划、管理中整合度不高的问题进行了研究，完善了我国公共安全基础设施规划管理体系[28]。陈宇琳等（2013）在梳理分析社会风险的时代特征、发生机制以及影响因素等理论的基础上，借鉴“突发事件—承灾载体—应急管理”风险发生机制分析框架，提出突发事件的类型从自然灾害走向人为灾害、承灾载体的破坏方式从本体破坏走向功能破坏、应急管理从静态防范走向动态防范的城市安全规划范式转型的思路[29]。朱天宇（2015）以城市社区灾害风险控制为主线，以环境承载力为依据，整合传统安全规划模式，从社区规划与灾害学、环境科学融合的视角探讨城市社区公共安全规划理论，为城市社区安全规划建设提供了理论与实践基础[30]。王小光和万丽（2016）以ZS新区开发建设为例，使用GIS空间分析技术制作了新老城区的犯罪地图，分析了城市犯罪与土地利用、交通网布局等因素的关系，提出了城市安全规划建设预防犯规的理论基础[31]。阮晨（2017）从实现公共安全的协同治理出发，分析城市公共安全规划的体系，提出对规划理念、规划内容、规划重点及技术方法、规划实施保障的一些思考，为编制城市公共安全规划、有效保障城市公共安全提供参考[32]。尤勇（2018）通过对安全城市和城市综合防灾规划的界定，以构建安全城市为目标，通过分析城市综合防灾规划系统中存在的问题和不足之处，以海门市为例，结合海门地域特色，对城市潜在的灾害风险进行分析，提出构建城市综合防灾规划系统的基本思路和具体内容[33]。李凌波（2019）阐述了城市建设中公共安全规划工作的理论基础及其所涉及的主要项目，分析了公共安全所面临的主要问题，提出了公共安全规划的核心问题及可行性研究[34]。潘海啸（2020）基于“零伤亡愿景”，从市中心的速度控制、道路空间再分配、交通安宁和以人为本的交叉口设计等角度，分析不同国家和城市的优秀案例，对提升交通安全的措施进行梳理分析[35]。高晓明和王晓朦（2021）从韧性城市建设理念出发，结合城市用地安全评估、综合防灾减灾的规划方法，构建“防灾减灾与安全格局专项规划”整体框架，明确其与总规、详规的关系，并提出了具有良好实操性的规划规程[36]。

（2）关于城市应急能力建设及评价的研究。在城市应急能力建设及评价方面，铁永波、唐川（2005）基于系统理论，以提高城市应急管理能力为目标，构建了城市灾害应急能力评价指标体系[37]。郑双忠、邓云峰、江田汉（2006）建立了城市应急能力评估指标体系，并提出运用 Kappa 方法统计对城市应急能力评估体系的设置进行分析[38]。冯百侠（2006）分析了加强城市灾害应急能力建设的内容，提出了城市灾害应急能力评价的基本框架[39]。杨翼舲、张利华、黄宝荣等（2010）在分析城市灾害应急能力系统的基础上，构建了城市灾害应急能力自评价指标体系，并进行了实验研究[40]。汪志红、王斌会、张衡（2011）提出了基于 Logistic 曲线的城市应急能力发展现状评价模型和城市应急能力可持续发展过程模型，并对广州市城市火灾应急能力进行实证分析[41]。贺山峰、高秀华、杜丽萍等（2016）从灾前准备、临灾预警、灾中处置和灾后恢复四个方面建立城市灾害应急能力评价指标体系，并对河南省城市灾害应急能力进行了评价分析[42]。闫绪娴、董焱、苗敬毅（2014）从城市灾害风险和城市灾害防御能力两个方面，构建了基于改进的投影寻踪模型，为城市灾害应急管理能力评价提供了方法[43]。黄飞（2019）从城市公共安全角度，基于城市灾害应急管理的预防、准备、响应、恢复过程，构建了一个较为系统完整的城市应急评估指标体系[44]。李敏（2020）从应急准备能力中的完备法规约束能力到应急恢复能力的事件评估能力，详细地论述了多种能力体系中政府、社会、城市等的表现，并结合新冠肺炎案例分析，总结和归纳大数据对我国城市应急管理能力提升带来的机遇与挑战，并提出了提升城市应急管理能力的途径[45]。蔡林阳、田杰芳（2021）运用模糊层次分析法（FAHP），从灾前、临灾、灾中和灾后四个方面建立了城市防灾应急能力评价指标体系，并确定了各个指标体系的综合权重，通过云模型构建了城市防灾应急能力指标云图，最后对 Z 城市进行了应急能力评价[46]。

（3）关于城市安全评价的研究。在城市安全评价方面，胡树华、杨高翔等（2009）根据城市涉及的领域，从城市食品安全、环境安全、生产安全、经济安全、社会安全五个方面构建了城市安全预警指标体系[47]。刘水承（2010）从脆弱性和能力两个维度，七个方面构建了城市公共安全的指标体系[48]。熊炜、李琳等（2011）针对目前我国城市公共安全问题，从科学技术视角建立了城市公共评价指标体系[49]。张英喆、李湖生、郭再富等（2012）基于安全保障型城市的内涵、建设内容、安全规划内容建立了安全保障型城市评价指标体系，提出了有关主要综合性指标的测算方法[50]。李忠强、杨锋、游志斌（2013）综合国内外安全保障型城市评价体系，提出了科学构建安全保障型城市评价的方法及标准[51]。常艳梅（2013）以城市灾害要素和城市系统对灾害事故的自我抵抗能力为重点，建立了重庆市安全评价指标体系[52]。王松华、赵玲（2015）基于城市脆弱性，从资源、生态环境、经济和社会发展等多个角度构建了城市公共安全感评价体系[53]。陈岩英、谢朝武（2016）从城市旅游安全视角，基于游客的感知调查数据分析了游客对厦门城市旅游安全状态的评价态度，同时分析了游客对厦门城市旅游安全风险、城市旅游六要素中的安全风险来源环节和风险因素类型的感知强度[54]。杜静、张礼敬、陶刚（2017）全面分析了沿海城市的安全生产事故孕灾环境因素，从自然因素、技术因素、人类因素等方面构建了沿海城市安全生产风险评价指标体系[55]。庆文、王义保（2018）构建了城市公共安全感评价指标体系，并基于2107年的调查数据运用熵权TOPSIS法对31个目标城市的公共安全感进行了综合测评[56]。张崇淼、李森、张力喆等（2019）采用压力—状态—响应模型和层次分析法构建出含有项目、因素、指标的铜川市生态安全评价体系，对铜川市2014—2016年的生态安全状况进行了综合评价，并计算分析了各指标对城市总体生态不安全指数的贡献度[57]。陈国华、杨琴、李小峰（2020）基于我国城市安全风险管理的要求与特点，提出了“点位—

行业—区域”逐层展开的城市安全风险评价方法，为不同层级的城市安全管理者明确风险管控重点提供决策依据[58]。潘和平、许雨晗、魏偲琦（2021）为识别我国新型智慧城市建设背景下的“非传统安全”危机，从个人、政府、企业三个维度构建了城市“非传统安全”危机的评价指标体系[59]。

（4）关于城市安全管理策略的研究。在城市安全管理策略方面，马德峰（2005）研究指出城市安全管理应该重视三个方面：一是城市抵御灾害的状况；二是城市维护良好的社会秩序；三是城市提供一个安全、舒适的空间[60]。金磊从（2008）城市综合减灾的高度较为系统地探讨了城市安全建设与发展中的诸问题，基于安全容量优化配置理论，探讨了城市大型工程安全风险评价的框架及思路[61]。周荣义等（2010）阐述了城市灾害的分类，从城市灾害预防与控制、应急反应与救援等方面分析我国城市灾害风险控制与应对上的不足，提出了八个方面的对策[62]。刘影、施式亮（2010）从网络化层面、管理层面、技术层面、文化层面及法制层面等多个层面阐述了构建城市公共安全管理综合体系的思路与内容[63]。杨馥合、武玉梁（2012）从本质安全型企业、园区、交通和社区四个方面提出了本质安全型城市的 PDCAI 模式建设方案，有效地促进了城市安全建设的不断提高、循序渐进的良性过程[64]。黄典剑（2014）从政府、企业、社会三个方面构建了城市安全发展能力综合分析评估模型，并应用模型分析评价了山西中部某城市的安全发展能力[65]。李升友、杨国梁、多英全等（2016）基于安全系统思想，提出了实现城市安全发展的关键技术、基本原则、主要思路、核心步骤[66]。孙粤文（2017）提出了基于大数据思维、大数据技术的城市安全治理新策略，并阐述了具体的治理模式与方法[67]。曹策俊、李从东、王玉等（2017）提出了数据驱动的风险治理框架，构建了大数据时代城市公共安全风险治理模式[68]。黄弘、李瑞奇、范维澄等（2018）基于安全韧性理论及国内外安全韧性城市建设经验，分析了雄安新区安全发展条件、原则及初步建设规划[69]。钟茂华、孟洋洋（2018）应用安全生产韧性管理理论，结合国内外城市韧性安全生产规划先进经验，提出了雄安新区安全生产规划的总体框架设想[70]。孙华丽，项美康，薛耀锋（2018）从人口状况、能力指标和脆弱性指标着手，建立超大城市公共安全评估指标体系，应用该评价指标体系评价了上海市城市安全风险状况[71]。马小飞（2018）分析了城市存在的安全风险内容、特点，提出了城市安全风险的分析流程及风险应对措施[72]。王莹（2018）应用协同治理理论，构建了城市公共安全协同治理的研究框架，提出了城市公共安全协同治理的目标、思路、原则与保障措施[73]。金磊（2019）从研究安全城市科学建构的体系与诸环节出发，构建了由专业人士与公众共同参与的城市安全运行且刚柔并济的自适应减灾体系，通过多主体共同参与提升城市的安全管理水平[74]。霍程程、黎忠凯、齐向伟（2022）以信号博弈为基础，建立城市安防信号博弈模型，对城市安防信号博弈进行均衡求解，得出双方的纳什均衡空间，分析博弈双方在公开防御信息信号策略、隐藏信号策略下的战略决策[75]。

1.2.2　国外研究现状

国外城市安全管理相关研究起步较早，多数发达国家已经形成了较为完善的城市安全管理体系，相关学术研究也取得了较大成果，这在很大程度上促进了城市的安全发展。

（1）城市安全管理实践研究。在城市安全管理实践方面，美国在城市安全管理实践及学术研究方面取得的进步与其历史上遭受的城市灾难是分不开的。为了加强公民的人身和财产安全，促进社会和谐发展，美国 20 世纪 90 年代发起了《安全城市计划》，通过安全城市计划的有效实施，提高了市民的安全意识和城市安全管理的整体水平，在很大程度上增强了美国各个城市经济发展的软实力[76]。受 2001 年“9・11”恐怖袭击事件以及 2005 年卡特里娜飓风带来的灾害性后果的影响，美国提出加强借助战略规划提高城市灾害的应对能力，同时联邦政府进一步加强了城市灾害准备和响应能力的评估，并将其定为城市安全研究的优先工作。相关工作的开展对于美国城市应急能力的提升起到了巨大的推动作用。

英国是较早开展“安全城市”建设的国家之一，1992 年，英国内政部发表了《安全城市与社会安全战略》，该战略对“安全城市”的概念、评价指标、评价标准等进行了界定，并对安全城市的组织者、参与者以及建设步骤、建设方法等做出了安全规划。英国将犯罪预防效果的好坏作为衡量“安全城市”建设成功与否的重要标志之一，将公众参与程度作为考察“安全城市”建设成功与否的另外一个重要标志。同时，英国将“安全城市”确定为一项长期战略，从中央和地方两个层面进行组织管理：在中央，内政部全面负责“安全城市”建设的指导工作；在地方，各个城市专门成立“安全城市”管理机构，全面负责“安全城市”的创建工作[77]。

日本由于地理条件的特殊性，城市经常受到自然灾害的威胁。因此，日本是一个高度重视城市安全的国家。日本开展城市安全工作较早，研究的重点在于城市的防灾与减灾。日本在进行城市安全建设过程中，强调建立具有综合协调职能的应灾体制，重视城市灾害预防，各个城市都制订了可行的防灾实施计划，从源头上防止威胁城市安全的灾害。在城市灾害预警过程中，体现了公众核心的思想，加强应急救援队伍综合素质培养，重视灾害避险逃生教育及应急训练[78]。

新加坡是世界上人口最密集的城市之一，也是亚洲最重要的金融、服务和航运中心之一，同时，它被广泛认可为世界上最安全的城市之一。新加坡受到自然灾害的影响程度较小，但是城市快速发展带来的人口集聚、高层建筑林立等问题所造成的城市人为灾害不断增多，这对新加坡的城市发展造成了较大的影响。2005 年 10 月，新加坡政府建立了一套城市风险评估与侦测机制，以全面收集、分析及解读各种信息，从而进行城市灾害预测。城市风险评估的核心内容包括自然灾害、疾病灾害、人为灾害以及战争和国家恐怖主义威胁灾害等。在应对各类城市灾害的过程中，新加坡建立了一整套围绕政策、运行和能力发展的比较完整的国家安全体系，并以政府为中心建立了国家安全协调秘书处，直接受安全政策审查委员会的指导，有效促进了安全政策的协调性[79]。同时，新加坡在城市安全建设中，重视民间力量的广泛参与，不断加强城市公众的民防技术培训，大力推进社区参与计划，在很大程度上促进了城市安全管理水平的提高[80, 81]。

（2）城市安全管理文献研究。在城市安全管理文献研究方面，相关研究主要从城市安全管理内容、城市安全管理途径两个方面开展了研究工作。

在城市安全管理内容方面，Camargo Germán 等（2005）提出城市安全评价体系应该围绕自然灾害、人为事故灾难、恐怖事件等进行构建[82]。Shapiro（2009）在分析洛杉矶相关地区城市中公共安全状况的基础上，指出城市应急物资及分布状况、城市特征、城市种族构成等因素是构成城市公共安全的重要因素[83]。Ahmad Nazrin Aris Anuar（2012）以游客为对象，调查研究了城市安全计划的建设重点，研究指出城市社会治安管理是城市安全管理的关键内容之一[84]。Igor Ilin 等（2016）从城市交通安全方面研究了城市安全建设的重点，研究指出城市交通基础设施的质量、运行过程的监控是保障城市安全的关键要素[85]。O.A Rastyapina，N.V Korosteleva（2016）研究指出构成城市安全的因素包括自然、建筑、社会、环境、技术、基础设施等，应该在系统分析的基础上建立城市安全管理的措施[86]。Jin Young，Won 和 Jong Seol，Lee 等人（2017）研究指出，城市交通安全是城市安全管理的主要问题，并通过分析交通事故的特征指出政府官员政策制定的模糊性是阻碍城市安全治理的重要原因[87]。Sara C.R. Marques 等（2018）从城市居民安全感角度，分析了城市安全建设的核心要素，指出城市区域治安状况是影响居民安全感的关键因素[88]。Si-Wei Chen 和 Motoyuki Sato 等（2018）研究指出，近几十年来，自然灾害包括地震、海啸等逐渐上升为威胁城市公共安全的主要因素[89]。

在城市安全管理途径方面，Richard G. Little（2004）从基础设施建设、风险评估、机构设置、人员配备等方面提出了城市安全管理的整体战略[90]。Jaime SANTOS-REYES，Tatiana GOUZEVA，Galdino SANTOS-REYES（2014）调查了墨西哥城市公众对于城市灾害（包括地震、洪水、瓦斯爆炸、犯罪、火灾等）的恐惧程度，提出了城市安全管理的方案[91]。Jorge Gómez（2015）等提出利用移动应用程序有效收集真实的数据，为城市公民提供风险控制、隐私保护和安全保障。Fu，Albert S（2016）研究指出，自然灾害是城市安全管理的重点内容，城市在安全管理中应该加强对自然灾害发生概率和后果的评估，通过考察自然灾害、环境以及资本之间的关系来促进城市的安全发展[92]。皮尔逊（2018）从信息预测、预防、控制、恢复及重构五个方面建立了城市公共安全管理的模式[93]。Bibri（2018）研究指出城市化和信息通信技术的崛起成为当今城市发展的重要趋势，城市安全管理的复杂性要求必须采用多中心治理的方式来应对城市中的各类风险[94]。Maroš Lacinák（2019）在研究安全城市概念的基础上，指出同样的安全管理模式在不同城市中的安全管理效果是不一样的，每个城市应该根据城市基本情况、发展要求建立自己的安全管理目标、流程，采取适合本城市安全发展的措施[95]。Barbara Kozuch（2014）研究指出，公民个人和社会组织参与城市安全治理是提升城市安全管理水平的有效途径，政府应该去引导、协调各种社会力量广泛参与到城市公共安全治理中来[96]。Bibri 等（2018）研究指出，城市公共安全治理的复杂性要求必须采用多中心治理的方式来应对城市风险，加强政府机构同各种社会主体的协同和联动治理[97]。

1.2.3 国内外研究现状评述

从总体上看，国内外从城市安全的概念、城市安全建设内容、城市安全评价、城市应急能力建设、城市安全管理策略等方面开展了城市安全管理研究，取得了大量研究成果，为城市安全管理工作的开展奠定了坚实的理论基础和实践基础。国外城市安全管理研究起步相对较早，在城市安全管理理论、城市安全管理实践方面都取得了较大的进步。国内城市安全管理虽然起步相对较晚，但是在城市安全内容、安全评价指标、安全管理措施方面取得了较大成果，在相关政策的支持下，许多城市结合自己的实际情况，在城市安全方面开展了大量的工作，在很大程度上推动了我国城市安全的稳定发展，为我国城市安全建设提供了宝贵的指导思想和建设经验。当然，不同省份、不同区域、不同城市，由于经济环境、人才环境、自然环境、科技环境的不同，城市安全管理存在的问题不同，城市安全管理的内容、流程、方式也会存在差异。随着京津冀协同发展战略实施，在雄安新区建设的大背景下，河北省产业结构和区域布局发生了深刻变化，这在很大程度上增加了河北省城市安全管理的难度。2018 年 2 月，河北省委办公厅、省政府办公厅印发了《关于推进城市安全发展的实施意见》，要求各地各部门结合实际情况，认真贯彻落实《关于推进城市安全发展的实施意见》（河北日报，2018）。在这样的背景下，本研究通过建立河北省城市安全标准化管理模式，实现河北省城市安全管理的统一化、规范化，为政府部门进行城市安全管理提供抓手，提高河北省城市的安全管理水平，为京津冀协同发展、雄安新区飞速发展创造安全、稳定的社会环境。

1.3　研究内容与研究方法

1.3.1　研究内容

河北省城市安全是河北省经济稳定发展的基础，是提升河北省城市公众安全感、幸福感的基础条件，也是推动京津冀协同发展、雄安新区战略有序实施的必要条件。为了有效提升河北省城市安全管理水平，本研究基于城市安全管理相关理论，以河北省历年城市灾害案例为分析对象，系统分析河北省城市安全状况、安全管理现状、安全管理不足与问题；明确河北省城市突发事件的危害类型、危害范围；然后构建河北省城市安全标准化管理模式，确定城市安全管理的组织、流程、制度、保障措施；最后，以河北省城市社区为例，分析构建了居民社区、工业社区、商业区、校园的安全标准化管理模式，通过安全社区建设全面提升河北省城市安全管理水平，保障河北省城市安全工作有序开展。本研究的主要研究内容如下。

（1）城市安全管理基础理论框架构建。在明确城市安全内涵的基础上，基于社会燃烧理论、城市灾害演化理论、城市风险管理理论、城市协同治理理论等城市安全管理基础理论，构建河北省城市安全管理的理论框架，为后面的研究奠定坚实的理论基础。

（2）河北省城市安全现状与存在问题剖析。

① 河北省城市历史突发事件分析。统计分析河北省城市历史突发事件，主要从自然灾害、社会安全事件、公共安全事件以及事故灾难四个方面进行剖析，系统分析总结各类城市突发事件发生的次数、发生原因、灾害损失情况、灾害行业分布情况等，明确河北省城市突发事件状况。

② 河北省城市抗灾保障能力分析。从受灾主体抗灾能力、灾害监测预警能力、自然灾害保障能力三个方面综合分析河北省城市在自然灾害方面的抗灾保障能力；从居民经济能力、公共服务支持能力、文化教育支撑能力、生命线支撑能力、信息保障能力、保险保障能力、社会保障能力七个方面综合分析河北省城市在社会安全事件方面的抗灾能力；从生态环境保护能力、市容环境保障能力、医疗环境保障能力三个方面综合分析河北省城市在公共卫生安全方面的抗灾能力；从第二产业抗灾保障能力、交通安全抗灾保障能力、文化教育保障能力三个方面综合分析河北省城市事故灾难方面的抗灾能力。

③ 河北省城市居民安全感调查分析。设计河北省城市安全感调查问卷，采用抽样调查的方式对城市管理者、职工、公众等进行调查，调查河北省城市居民对城市自然灾害安全状况、社会安全状况、城市公共卫生安全状况、城市生产安全状况方面的满意度。

④ 河北省城市安全管理存在问题分析。结合河北省城市灾害特征分析、安全抗灾保障能力状况分析、城市居民安全感调查结果，从基础设施

建设、城市风险管控、产业结构布局、国家战略实施挑战、应急物资储备与管理、安全管理协同能力建设、灾害防控知识宣传教育方面分析河北省城市安全管理存在的不足与问题。

（3）河北省城市突发事件的影响与危害分析。

① 河北省城市自然灾害的影响与危害。基于河北省城市自然灾害特征以及城市自然灾害抗灾能力，结合河北省历年自然灾害案例，从经济损失、人员伤亡、城市秩序破坏、居民心理伤害、城市形象受损五个方面，系统分析河北省城市自然灾害可能造成的影响与危害。

② 河北省城市社会安全事件的影响与危害。基于河北省城市社会安全治理状况及城市社会安全管理制度等，结合河北省历年社会安全事件案例，从经济损失、人员伤亡、城市秩序破坏、城市形象受损四个方面系统论述河北省城市社会安全事件可能造成的影响与危害。

③ 河北省城市公共卫生事件的影响与危害。基于河北省城市公共卫生状况及相应保障措施、保障制度等，结合河北省城市历年公共卫生事件案例，从经济损失、人员健康与死亡、城市居民恐慌、城市秩序受损四个方面系统论述河北省城市公共卫生事件的影响与危害。

④ 河北省城市事故灾难的影响与危害。基于河北省产业结构特征及工业企业安全管理状况，以工业生产安全事故灾难为例，结合历年工业生产安全事故案例，系统论述城市工业安全事故对工业企业、企业员工、事故救援人员、职工及救援人员家属、城市公众、政府部门六个受灾主体的影响与危害。

（4）河北省城市安全标准化管理模式的建立。

①国外典型城市安全管理模式及经验。从城市安全管理的组织机构、安全管理内容、安全管理机制、应急预案建设四个方面分析介绍了纽约、

伦敦、东京 3 个城市的安全管理模式，并系统分析了上述 3 个城市安全管理模式的特征与安全管理经验。

②国内典型城市安全管理模式及经验。从城市安全管理的组织机构、安全管理内容、安全管理机制、应急预案建设四个方面分析介绍了北京、上海、深圳、兰州、南宁、秦皇岛 6 个城市的安全管理模式，并系统分析了上述 6 个城市安全管理模式的特征与安全管理经验。

③河北省城市安全标准化管理模式构建。在吸收国内外城市典型安全管理模式优点的基础上，构建了河北省城市安全标准化管理模式总体框架，详细阐述了河北省城市安全管理的组织机构、安全管理制度、安全管理流程，明确了河北省城市安全管理的关键点。

④河北省城市安全标准化管理措施。从河北省城市风险治理能力建设、城市协同治理能力建设、政府社会服务能力建设、城市综合管控能力建设、公众应急能力建设五个方面提出了河北省城市安全标准化管理的具体措施。

（5）河北省城市社区安全标准化管理模式构建。在确定城市社区含义及特征的基础上，分别论述分析了河北省城市居民社区、城市工业社区、城市商业区以及城市校园的安全管理特征、安全标准化管理模式及安全管理措施，并从资金、技术、人员、管理角度提出河北省城市社区安全管理的保障措施。

1.3.2 研究方法

本研究的研究方法有以下几种。

（1）文献研究法。搜集国内外有关城市安全管理的理论文献、实证研究文献、二手资料等，并对文献资料进行整理、分析、客观述评，找到本研究的切入点，梳理城市安全管理相关理论，为本研究的开展提供理论支撑和实践指导。

（2）案例分析法。结合河北省历年城市突发事件案例以及其他省份典型城市突发事件案例，综合分析河北省城市安全现状、河北省城市安全管理问题、河北省城市灾害影响与危害状况。

（3）问卷调查法。设计河北省城市安全调查问卷，调查河北省城市安全管理状况、河北省城市公众对河北省城市安全管理、安全状况的认知情况，分析河北省城市安全管理问题及改进方向，为河北省城市安全标准化管理模式构建奠定基础。

（4）比较研究法。在分析河北省城市安全影响因素、河北省城市灾害影响与危害，构建河北省城市安全标准化管理模式时，与国外城市安全管理模式对比、与国内其他城市安全管理模式对比、与其他研究成果对比分析，以确保问题分析的全面性以及模式构建的科学性。

1.4　核心概念界定

1.4.1　城市

城市是一定区域范围内政治、经济、文化、宗教、人口等的集中之地和中心所在，是随着人类文明的形成而发展的一种有别于乡村的高级聚落[98]。在中国，城市以非农业产业和非农业人口聚集为主要的居民点，包括按照国家行政建制的直辖市、地级市和县级市。一般来说，城市等级是按照城市人口规模划分的。2014年7月，国务院印发的《关于进一步推进户籍制度改革的意见》中将城区人口50万人以下的称为“小城市”，50万~100万人的称为“中等城市”，100万~300万人的称为“大城市”，500万人以上的称为“特大城市”。

1.4.2　城市安全

城市安全指的是城市及其人员、财产、城市生命线等重要系统处于安全的状态[99]。城市安全是城市居民安居乐业、城市经济社会稳定发展的基础。但是，由于城镇化快速发展，城市基础设施建设在应对城市安全风险方面出现滞后状况，加之城市安全风险往往具有一定的隐蔽性和不确定性，使人们很难及时采取充分的准备措施来预测和应对各种突发的城市灾害。因此，城市安全问题是亟须解决的关键问题之一。

1.4.3　城市突发事件

突发事件，是指突然发生，造成或者可能造成严重社会危害，需要采取应急处置措施予以应对的自然灾害、事故灾难、公共卫生事件和社会安全事件[100]。城市突发事件一般指的是突然发生并危及公众生命财产安全、社会秩序和公共安全，需要政府立即采取非常态管理与应对措施加以处理的公共事件。城市突发事件也可以按照自然灾害、事故灾难、公共卫生事件和社会安全事件划分。

1.4.4　城市安全管理

管理是指在特定的环境条件下，对组织所拥有的人力、物力、财力、信息等资源进行有效的决策、计划、组织、领导、控制，以期高效地达到既定组织目标的过程。安全管理是指在特定的环境条件下，对组织所拥有的人力、物力、财力、信息等资源进行有效的决策、计划、组织、领导、控制，以期实现组织安全目标的过程[101]。城市安全管理指的是城市安全管理部门通过决策、计划、组织、领导、控制等活动，有效整合和管理城市所拥有的人力、物力、财力、信息等资源，以期实现城市安全目标。

1.4.5　标准化管理

标准化管理就是为了在一定范围内获得最佳秩序，对现实问题或潜在问题制定共同使用和重复使用的条款的活动过程[102]。企业通过实施标准化管理能够实现管理业务、管理流程以及管理方法的标准化，从而实现程序化管理、规范化管理，有效提升了工作效率，提升了企业的整体管理水平。

1.4.6　城市安全标准化管理

城市安全标准化管理指的是为了实现城市安全管理的程序化、秩序化、规范化，提高城市安全管理水平，全面系统分析城市安全管理目标制定、安全组织机构建设、安全职责分工、安全工作流程制订、安全工作质量评定、安全工作方法确定、安全结果考核方法制定等城市安全管理的各个环节，实现城市安全管理目标明确化、安全组织结构合理化、安全职责分工明晰化、安全工作流程规范化、安全工作质量确定化、安全工作方法有效化、安全结果考核公平化。

1.5 研究思路与技术路线

1.5.1 研究思路

本研究按照“国内外研究现状与动态分析→基础理论框架构建→城市安全现状与存在问题分析→城市突发事件影响与危害分析→安全标准化管理模式构建→城市社区安全管理模式构建”的基本思路，探讨河北省城市安全管理水平提升的途径与方法。

（1）发现问题。通过文献研究，了解城市安全管理研究动态，结合河北省城市安全管理状况，确定本研究要解决的核心问题。

（2）分析问题。根据河北省城市安全状况、安全管理状况、居民安全感调查结果综合分析河北省城市安全管理方面存在的问题。

（3）解决问题。结合城市安全管理相关理论，构建本研究的理论基础，从而建立河北省城市安全标准化管理模式，提升河北省城市安全管理水平。

1.5.2 技术路线

系统梳理本研究的研究思路、研究理论、研究方法、研究内容等，确定本研究的技术路线如图 1–3 所示。

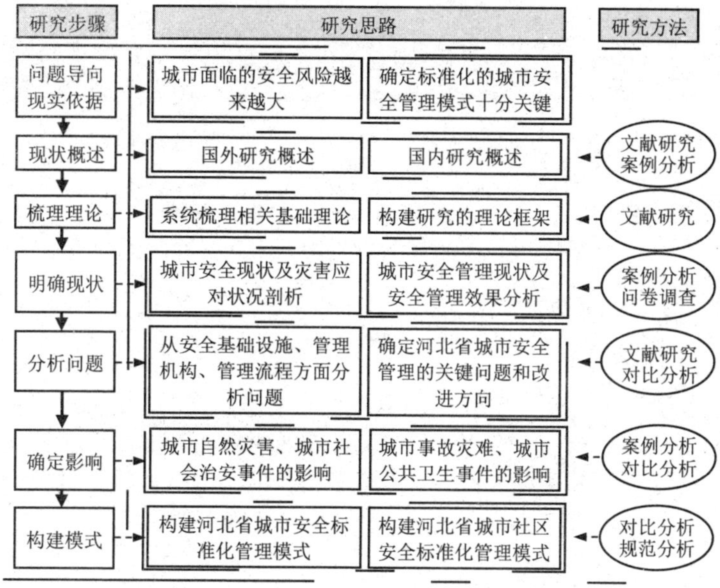
研究步骤
研究思路
研究方法
问题导向现实依据
城市面临的安全风险越来越大
确定标准化的城市安全管理模式十分关键
现状概述
国外研究概述
国内研究概述
文献研究案例分析
梳理理论
系统梳理相关基础理论
构建研究的理论框架
文献研究
明确现状
城市安全现状及灾害应对状况剖析
城市安全管理现状及安全管理效果分析
案例分析问卷调查
分析问题
从安全基础设施、管理机构、管理流程方面分析问题
确定河北省城市安全管理的关键问题和改进方向
文献研究对比分析
确定影响
城市自然灾害、城市社会治安事件的影响
城市事故灾难、城市公共卫生事件的影响
案例分析对比分析
构建模式
构建河北省城市安全标准化管理模式
构建河北省城市社区安全标准化管理模式
对比分析规范分析

图1-3　技术路线

第2章 城市安全管理基础理论框架

城市安全管理的相关理论是开展城市安全管理研究工作的基础。因此，本章将系统梳理有关城市安全管理的相关理论成果，进而构建本研究的理论框架，为后续研究奠定坚实的理论基础。

2.1 社会燃烧理论

2.1.1 社会燃烧理论内涵

社会燃烧理论是由中国科学院牛文元教授提出的，是指运用自然燃烧原理，将社会的无序、失稳和动乱与燃烧现象进行合理的类比。该理论不仅描述了引发社会安全问题的具体因素，而且描绘了引发社会安全问题的动态轨迹，并指出了控制社会安全问题的关键思路：着眼预警系统，从源头进行治理[103，104]。社会燃烧理论的作用主要是为了剖析社会安全问题，然后开发稳定的社会预警系统，并用来预测社会的稳定性。

2.1.2 社会燃烧理论的内容

社会物理学认为："社会的运动和变化取决于社会能量的强度、方向和组织性。作为社会平均动能标志的'社会温度'，当其高于和谐状态下的数值时，就会引发不同程度的社会无序和劣质化。"[105]具体来说，当下面三个条件具备时，社会温度就会高于某一阈值，使社会发生"燃烧"。

一是社会燃烧物质。社会燃烧物质在社会燃烧过程中起着基础作用。社会燃烧物质形成的过程，也是社会组织和个人从同化向异化的能量聚集过程。失业人口的增加、贫富差距的增大、腐败现象的蔓延、公众利益诉求渠道堵塞、企业安全意识淡薄、公众居安思危意识缺失等，都可能成为社会燃烧物质，也就是人们常说的“安全隐患”。社会燃烧理论认为，观念差异、文化差异、民族差异、宗教差异和贫富差异是社会燃烧物质积累的根本原因。

二是社会助燃剂。社会助燃剂也被称为“社会激发能”，其主要作用是加速社会劣质化的进程。社会劣质化指的是“某个社会形态从有序向无序的蜕变，一般理解为对现行主流社会的偏离程度或异化程度，也就是对当前社会系统组织性或有序性的破坏”。比如，媒体的误读和误导、别有用心的组织和个人的煽动和挑唆、谣言和流言的传播等，都可能成为社会治安事件的“助燃剂”。

三是社会触发阈值。社会触发阈值也称“导火线”或“点火温度”。其主要作用是在特定的条件下，使社会燃烧物质在瞬间以快变量的形式释放能量，并迅速突破临界值，使社会秩序迅速变为无序或者大规模的社会失控状态[106]。一般情况下，具有一定规模和影响的突发事件的发生，如个体行为的冲突和失控、“邻避设施”的选址等，在特定情况下都可能成为社会治安事件的导火索。

以上所描述的三个条件相互间的关系如图 2–1 所示。

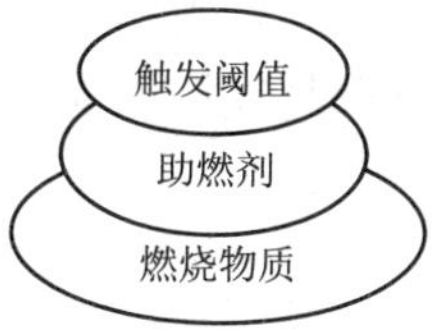

图2–1　社会燃烧条件

据此，社会燃烧理论可以表示为“特定的时间（t）、特定的空间（α）、特定的社会规模尺度（β）下，社会系统从常态到非常态、从有序到混乱、从组织到崩溃的动力学度量”[107]：

$$SCT(t,\alpha,\beta)=f_1(M)\cdot f_2(A)\cdot f_3(D)$$

公式中：$f_1(M)$ 表示社会燃烧物质，$f_2(A)$ 表示社会助燃剂，$f_3(D)$ 表示社会触发阈值。在不同的时间、空间、社会规模尺度下，社会燃烧的规模、速度和强度也是不同的。

2.2 城市灾害演化机理

2.2.1 演化机理的内涵

城市灾害演化机理指的是城市灾害的发生与发展往往会引起相关次生灾害致灾因子的质变，并进一步诱发更多灾害事件的发生[108]。城市灾害的演化一般发生在灾害应对不及时或灾害应对措施无效的情况下。当前，城市基础设施在城市灾害应对方面存在一定不足，加之城市各个系统交叉影响程度不断提高，城市灾害的演化概率在不断增加，相应地，由于城市灾害演化造成的影响和社会危害也在不断增加。因此，明确城市灾害演化机理，剖析城市灾害演化的过程与规律，对于有效控制城市灾害事件、降低城市灾害事件损失具有重要意义。

2.2.2 城市灾害演化机理的内容

城市灾害发生以后，如果城市承灾体应对灾害的能力强，并且灾害应对及时，应对措施得当，城市灾害就会在初期得到控制，否则就会进一步发展，表现为空间上的进一步扩展和烈度上的进一步增强，在这样的情况下控制难度和灾害损失将进一步加大。以城市建筑火灾为例，在建筑火灾发生初期，如果能够及时有效地采取措施予以控制，火灾就会终止；如果没有及时采取控制措施或者采取的控制措施不当，建筑火灾的强度就会越来越大，破坏的范围也将不断增大。如果在城市灾害发展的某一阶段采取有效措施予以控制，城市灾害会在发展中的某一节点终止；否则，在其他因素共同作用下，城市灾害就会发生演化，从而造成更大的社会危害。根据原始城市灾害事件与次生灾害间的关系以及次生灾害的发生过程可以将突发事件的演化分为转换、蔓延、衍生和耦合四种类型[109]（如图 2–2 所示）。

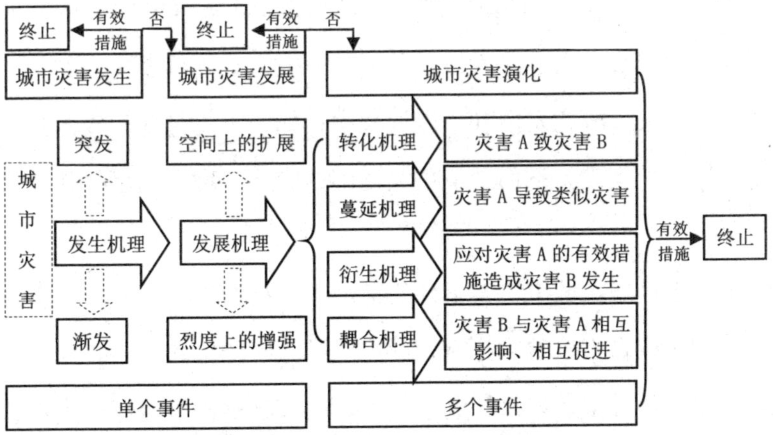

图2–2　城市灾害事件演化机理

（1）转换机理。城市灾害事件的转换机理指的是某类城市灾害的发生和发展，如果得不到有效控制，会引发另一不同类型城市灾害事件的发生，而且前后两类城市灾害事件之间往往存在着一定的相互联系。城市灾害转换机理与发展机理的不同之处在于，转换机理重在强调城市灾害事件发展过程中，引发了新的城市灾害事件的发生，城市灾害事件出现了二次突变，可以表示为城市灾害事件 A 的发生和发展引发了城市灾害事件 B 的发生[110]。以城市化工厂爆炸事故为例，一次爆炸事故的发生引发工厂火灾事故的发生，如果缺少有效的屏障，或者处置不及时，火灾事故进一步引发易燃易爆物品发生爆炸，同时火灾事故仍在发展，这就是常见的城市灾害事件转换。

（2）蔓延机理。城市灾害事件蔓延机理指的是城市灾害事件发生和发展过程中，如果没有得到有效控制，导致了其他同一类型的城市灾害事件的发生。城市灾害事件蔓延机理重点强调的是原灾害事件导致更多同类灾害事件的发生，发生后原来的灾害事件仍然存在，新旧灾害事件同时发生作用，在这样的情况下，城市灾害事件的危害程度和破坏范围将会不断增强[111]。城市灾害事件的蔓延机理可以表示为城市灾害事件 A 的发生和发展，引发类似城市灾害事件 A_1、A_2、A_3、……、A_n 连续发生。例如，城市化工厂仓库火灾事故在发生和发展过程中，如果不能得到有效控制，会引发临近仓库发生火灾，从而造成更大范围的影响，增大了事故救援的难度和事故损失。

（3）衍生机理。城市灾害事件的衍生机理指的是某一城市灾害事件发生后，人们采取在当时看来是有效的应对措施时产生的负面影响，导致新的城市灾害事件发生。如果控制不当，新的灾害事件可能进一步对城市造成更为严重的影响。城市灾害事件的衍生机理可以表示为：为了应对城市灾害事件 A，而采取某一有效措施，但是由于风险估计不足或者缺少必要的应对措施，造成了城市灾害事件 B 的发生[112]。以城市化工厂火灾事故为例，在火灾救援过程中，如果没有采取措施进行隔离，消防用水和火灾事故中泄漏的化学物质混合物会流入附近河流，造成城市水污染事件的发生。

（4）耦合机理。城市灾害事件的耦合机理指的是两个或多个因素共同作用，导致城市灾害事件进一步加剧强化的过程。城市灾害事件的耦合机理可以表述为城市灾害事件 A、B、C ……共同作用，造成更大范围和更大程度上的灾害影响。耦合机理中的相关因素包括社会因素、环境因素、城市灾害事件的内在因素等[113]。与城市灾害事件的转换机理、蔓延机理和衍生机理相比，耦合机理侧重分析的是多种因素的共同作用加剧了城市灾害事件的影响程度。以 2007 年 7 月 18 日济南 7 · 18 特大暴雨为例，暴雨导致济南银座地下商城被淹没，造成了大量的财物损失，同时造成 20 余人死亡。该城市自然灾害事件造成如此严重的危害，是由济南城市排水系统差、短时间内的特大暴雨、银座商城购物高峰时段、人员疏散机制不健全等因素共同耦合作用的结果[114]。由城市灾害事件的耦合机理可以看出，城市突发事件的防控需要对城市各个系统进行综合分析，分析各个因素之间的相互影响、共同作用带来的不利影响。

城市灾害事件的演化将会引发两个或多个城市次生灾害事件的发生，进而造成更大的城市灾害影响。因此，应该加强城市灾害事件演化规律的分析，明确各类灾害事件的演化条件、演化过程和演化规律，从安全技术和安全管理两个角度采取有效的预防措施和控制措施，及时有效地控制城市灾害事件，避免城市灾害事件发生演化，有效降低城市灾害事件的危害。

2.3 城市风险管理理论

2.3.1 城市风险管理基本概念

城市风险管理指的是依据相应的风险管理原则对城市中存在的风险因素进行全面辨识，分析相关风险发生的概率以及可能造成损失的概率，确定城市安全风险的等级，并采用有效的措施予以应对的过程。城市安全管理体系日益复杂，城市各系统安全风险具有不确定性，城市灾害的发展、演化过程也具有较大不确定性，人们很难准确预测城市灾害事故何时发生，影响多大，迫切需要风险管理理论的支撑[115]。城市风险管理的核心内容包括城市风险辨识、城市风险估计、城市风险评价以及城市风险应对（如图 2-3 所示）[116]。

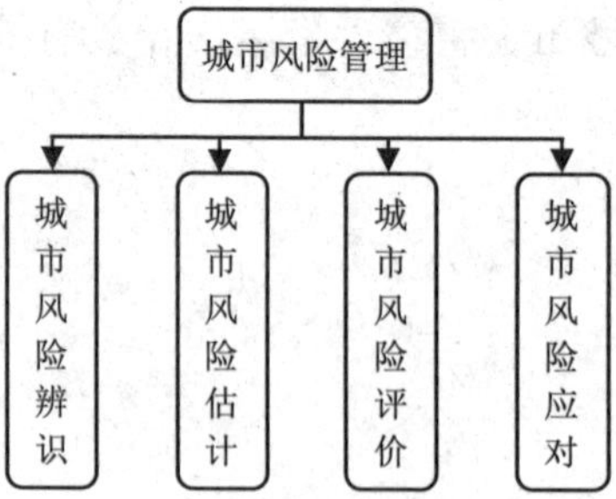

图2-3 城市风险管理的核心内容

（1）城市风险辨识。城市风险辨识指的是在城市风险发生之前，运用各种方法全面、系统、动态地辨识城市各个系统中可能引发城市灾害的各个风险因素，分析城市灾害发生的条件，描述各风险因素的特征以及其对城市各系统和其他系统的影响程度和影响范围。

（2）城市风险估计。城市风险估计指的是通过定性或定量的估计方法，系统估算城市单个风险发生的概率大小及对城市各系统的影响范围和程度，并分析各个风险之间的相互影响程度、风险转化条件等。风险估计的主要目的是将各种风险对城市系统的影响程度尽量给予量化描述，明确各种城市风险间的相互作用关系及影响程度。

（3）城市风险评价。城市风险评价指的是在城市风险辨识和风险估计的基础上，综合考虑城市风险的属性、风险管理的目标、城市风险承受能力等因素，确定各种风险对城市系统的影响程度。风险评价的主要目的是对各个风险进行比较和评价，确定各个风险的整体影响程度，并进行综合排序，明确风险管理的重点。同时，通过城市风险综合评价确定城市面临的整体风险大小，判断城市是否能够有效应对相关风险。

（4）城市风险应对。城市风险应对指的是依据城市风险估计和城市风险评价的结果，综合考虑城市在安全管理制度、程序、人员、资金、技术等各种因素，对潜在可以采取的应对措施进行综合比较，选择制订更为科学、有效的风险应对措施，从而有效避免城市灾害事件的发生和演化，有效降低城市灾害对城市生产和生活秩序造成的影响。

2.3.2　城市风险管理流程

城市风险管理的流程包括城市风险管理计划编制、城市风险辨识、城市风险估计、城市风险评价、城市风险应对、城市风险监控预警、城市风险管理总结等内容（如图 2–4 所示）。

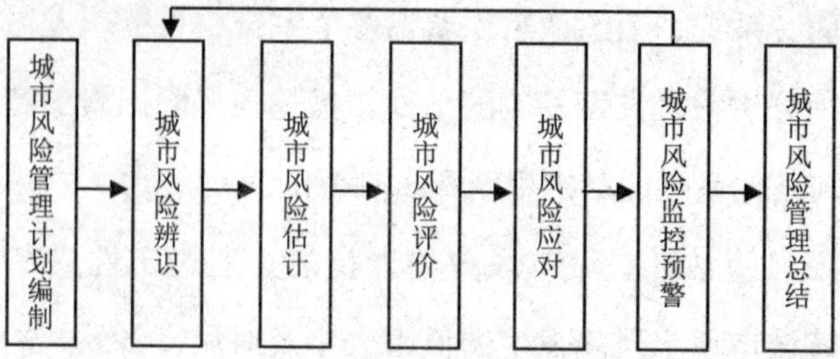

图2-4　城市风险管理流程

（1）城市风险管理计划编制。城市风险管理计划是城市风险管理的纲领。城市风险管理计划编制的目的是明确城市风险管理的组织结构、人员配置及预算、人员职责划分；确定城市风险分析的方法、资料来源和风险评价标准；制订城市风险管理的报告格式和时间安排；明确城市风险分析的区域划分以及各区域风险分析的灾害种类划分。

（2）城市风险辨识。城市风险辨识的目的是要辨识出城市各系统内引发城市灾害事件的风险因素，形成初步的风险清单，并对辨识出来的风险因素初步进行定性分析，确定各类风险因素的风险类型。具体来说，城市风险辨识包括收集资料、辨识城市风险、编制风险清单、风险分类四个基本过程（如图 2-5 所示）。

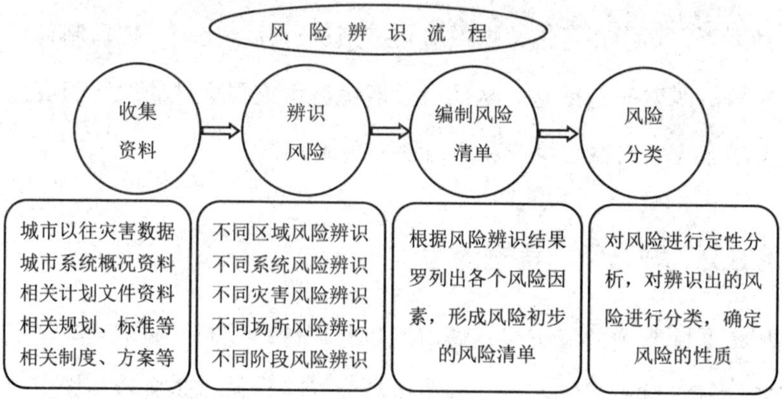

图2-5　风险辨识过程

通过城市风险辨识，能够明确城市运行中的各个系统面临的风险因素，明确灾害事件出现的条件，并可以初步判断各个风险因素对城市系统的影响范围。

（3）城市风险估计。城市风险估计的主要内容是根据城市风险辨识结果，基于收集的相关资料（包括历年城市灾害情况、城市安全管理制度、城市风险应对资源与措施等），组织相关专家，通过定性和定量相结合的方法，估计各类城市风险发生的概率以及风险发生后对城市系统的影响程度。

（4）城市风险评价。城市风险评价的主要目的包括三个方面：一是从城市系统出发，弄清各个风险事件之间确切的因果关系；二是考虑各种不同风险之间相互转化的条件，研究如何才能化威胁为机会；三是进一步量化已识别风险的发生概率和后果，明确城市各类风险的大小，确定城市整体风险的大小，为城市风险应对提供依据。具体来说，城市风险评价包括以下四方面的内容（如图 2–6 所示）。

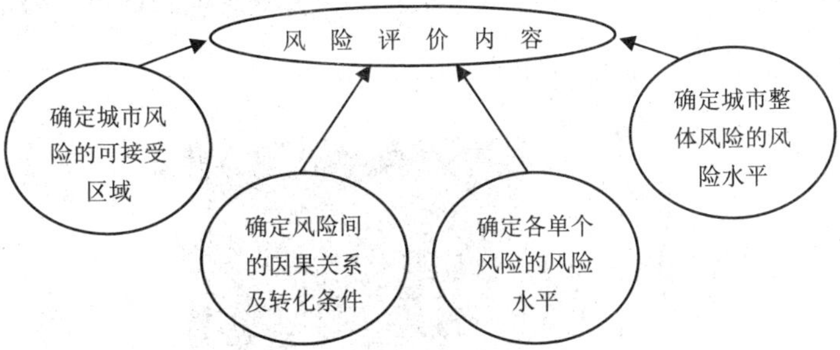

图2–6　城市风险评价内容

城市风险评价流程主要包括三个方面：一是确定风险评价的基准；二是计算城市风险水平；三是比较风险，确定风险等级并进行排序（如图 2–7 所示）。风险评价基准指的是城市所能接受的风险程度，具体包括单个风险的评价基准和城市整体风险评价基准。不同城市的承载能力、经济实力、环境因素存在不同，所以相应的风险评价基准也不同，因此，各城市要结合自己城市的实际情况确定风险评价基准。风险评价基准确定后，一个城市的风险承受能力就确定了，城市灾害管控的目标也就确定了。确定风险评价基准后，需要计算城市的风险水平，包括单个风险水平和整体风险水平。单个风险水平确定后，需要进一步对各个风险进行比较，按照风险由大到小的排序，为城市风险管理提供依据。

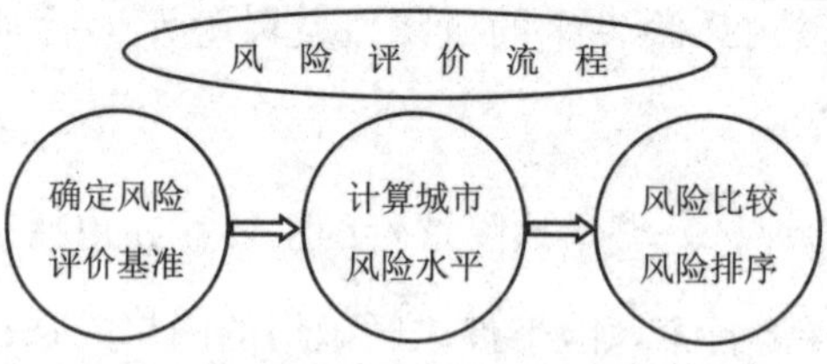

图2-7　城市风险评价流程

（5）城市风险应对。城市风险应对主要是根据城市风险估计和风险评价结果，对不同等级的城市风险提出具体可行的应对措施，从风险的发生概率及影响大小两个方面消除或者降低风险。城市风险应对的思路主要是采取措施降低风险发生的概率，或者采取措施有效控制城市风险的发展演化，降低城市风险的损失（如图 2-8 所示）。

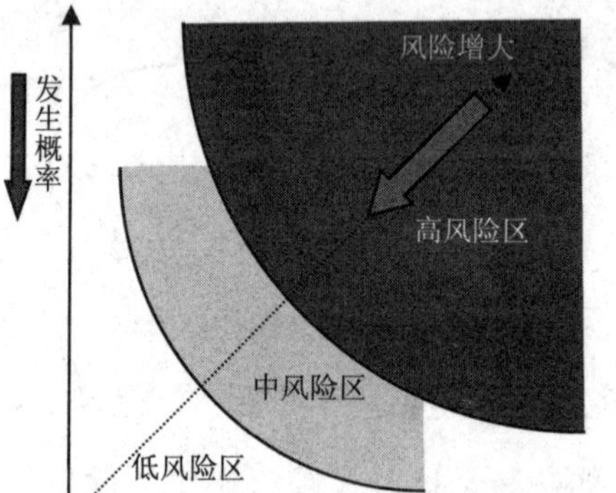

图2-8　城市风险应对思路

根据以上风险应对的思路，可以从技术和管理两个角度提出具体的风险预防和风险控制措施，消除或减少风险因素，降低城市风险发生的概率；或者采取有效措施将风险消灭在萌芽状态，避免城市风险发展扩大，降低城市风险造成的损失，将城市风险控制在可接受的范围之内。

（6）城市风险监控预警。城市风险监控预警指的是对城市风险辨识、风险估计、风险评价及风险应对的全过程进行监视和控制，发现城市风险苗头时及时发出警示信息，提前做好风险应对措施。

城市风险监控预警是十分重要的风险管理环节，也是十分必要的。一是城市风险分析及应对措施是在风险发生之前进行的，存在风险信息不充分的可能性，可能会导致风险分析出现偏差、风险措施效果不理想的情况；二是随着外界环境及条件的变化，城市风险会不断发生变化，原来确定的关键风险可能消除了，而原来较小的风险可能成为关键风险，或者会出现新的风险；三是原来制订的风险应对措施，随着环境和条件的改变可能失去效用，或者出现新的可供选择的、更优的应对措施[117]。具体来说，城市风险监控预警的核心内容包括四个方面：一是对风险的发展变化进行观察，对风险应对措施实施的效果和偏差进行评估，检查制订的风险应对措施是否有效，无效时及时预警，并寻找机会改善和细化风险应对计划，获取反馈信息，以便更好地控制风险；二是记录已经消除的风险，解除监控，在一定程度上可以降低风险管理的成本；三是再次确认未消除的风险，分析是否存在风险转化、是否出现新的风险；四是对于出现的新的风险，发出预警信息，重新进行风险分析，提出应对措施。

城市风险监控预警要遵循严格的流程，具体流程如图 2-9 所示。第一步，建立城市风险监控预警体系。第二步，对城市风险辨识、估计及评价结果进行系统分析。第三步，对制订的风险应对措施进行分析、评价。第四步，针对具体风险，判断是否需要建立长期的监控预警措施。如果不需要，持续关注此风险即可，如果需要制订相应的监控预警措施。第五步，召开风险分析会议，论证分析风险监控预警措施。第六步，根据风险分析会议结果，细化完善城市风险监控预警措施。第七步，落实并实施风险监控预警措施。第八步，确定风险预警措施是否有效，如果有效，风险解除，结束风险监控预警；如果无效，重新对城市风险进行辨识、估计、评价，重复上述过程，直至城市风险予以解除。

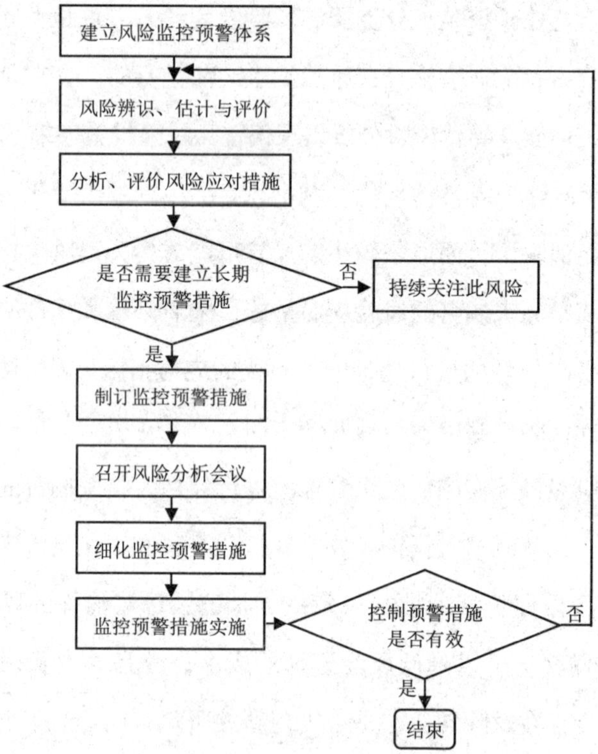

图2-9　城市风险监控预警流程

（7）城市风险管理总结。城市风险管理总结指的是定期对城市风险管理中的经验和问题进行汇总分析，总结城市风险管理中的关键点，为后期风险管理提供依据和指导。城市风险管理总结是十分必要的，也是城市风险管理能力提升的关键工作之一，对于城市风险管理部门和人员来说，要不断通过总结，提升管理能力与水平。

2.4　城市协同治理理论

2.4.1　城市协同治理理论的内涵

自然界和社会中任何一个系统里诸多子系统或要素之间都存在着一定的相互关系，各子系统或各要素相互作用并可以形成统一整体的过程，就是协同[118]。协同治理理论以系统论、控制论、信息论、突变论为基础，探讨系统中各子系统或各要素之间相互作用而形成有序的统一整体的过程[119]。

现代城市作为区域政治、经济、文化、教育、科技和信息中心，其安全管理同样呈现出多维度、多结构、多层次、多系统从宏观到微观的纵横交织、错综复杂的动态非线性复杂巨系统特性，城市安全管理难度非常大。在以往城市安全管理过程中，主要是以政府单一主体管理为主，往往采取的是分部门、分灾种、分地域分割的治理模式。由于各系统有自己单独的工作任务与目标，在缺乏有效沟通且政府安全管理能力有限的情况下，这样的安全管理模式很难解决城市灾害多发性、复杂性、破坏性、交叉影响性与政府治理能力有限的矛盾[120]。协同治理理论强调以满足城市公众不断增长的、多样化的安全需要为目标，要求政府、非政府组织、企业以及城市公众共同参与，有效整合、调动城市的人力资源、物力资源、财力资源及信息资源，实现城市各子系统或各要素间的动态平衡，以有效应对城市各类灾害。在这个过程中，政府起主导作用，政府、非政府组织、企业以及城市公众通过有效的信息交流、资源共享、行为约束建立相关网络结构组织，来应对城市的自然灾害、事故灾难、社会安全事件以及公共卫生事件，实现城市公共安全（如图 2-10 所示）[121]。

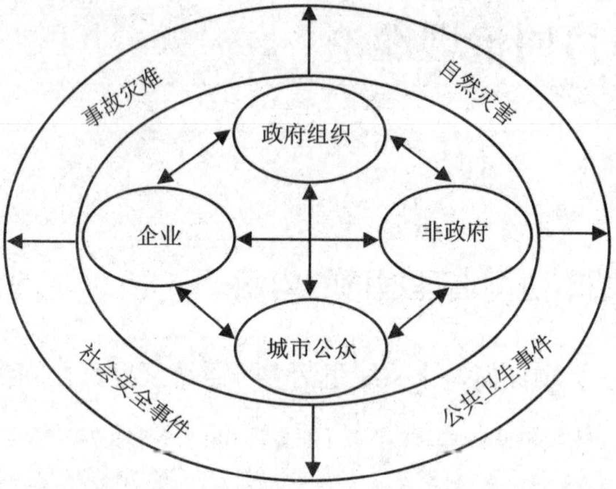

图2-10　现代城市公共安全协同治理示意图

2.4.2　城市协同治理理论的内容

城市协同治理理论为城市安全管理提供了一个新的思路，能够在实践中将城市各个子系统、各个主体的社会资源进行有效整合，实现各自优势的互补，发挥它们整体的功能，提高城市系统的安全性能。当城市灾害发生时，各系统能够相互协作，共同应对，有效降低城市灾害损失，避免城市灾害蔓延、转化。总的来说，城市协同治理理论包括以下三个方面的内容[122]。

第一，城市治理主体多元化。在城市协同治理下，城市治理的主体不再是只有政府，还包括城市居民、社会组织、企业等。在这个多元化的主体中，政府在城市安全管理中起主导作用，并提供一个开放、对等的平台，城市居民、企业及其他社会组织能够以对等的身份参与到城市的安全管理工作中。各个主体能够充分发挥自身优势与价值，为城市安全管理贡献自己的力量，同时各个主体间能够形成优势互补、合作与监督，通过协商交流、共同行动，保障城市安全发展。

第二，城市子系统间在行动上的协同。城市不同子系统掌握着不同的技术和资源，发挥着不同的作用，但是，随着城市化进程不断加快，城市各个系统的关联程度不断增强，任何一个系统出现问题，都可能对其他系统造成影响，因此，城市整个系统的安全离不开每一个系统的安全。在城市协同治理理论背景下，城市各系统在建设、维修、改建、应急处理过程中，都应该根据实际需要，加强沟通，共同合理处理相关问题，避免灾害发生，造成交叉影响。同时，在城市灾害救援过程中，城市各个子系统也要加强合作，共同应对，避免城市灾害在各系统内相互影响，造成更大范围的危害。

第三，城市安全信息的协同性。城市安全的实现需要政府、企业、社会组织、城市居民的共同参与。安全信息是沟通各个主体的桥梁，因此，安全信息的协同、共享是十分重要的[123]。以城市化工企业为例，企业的生产安全信息自己应该知道、政府应该知道、公众也应该知道。企业自己知道，才能做好安全事故的预防和应对；政府知道才能做好安全监管，事故发生后才能开展及时有效的救援；公众知道才能做好监督，事故发生后才能做好有效应对工作。

2.5 城市安全管理理论框架的构建

城市是由多个系统组成的一个综合的、复杂的、多功能的庞大的系统，解决其安全问题需要分析城市灾害事件的孕育、发生到演化的全过程，以及在各个环节产生的能量、物质和信息等风险的类型、强度及相互作用关系；需要研究各类承载体（人、设施、环境等）在灾害事件中的状态变化情况、破坏情况，以及可能发生的次生、衍生事件；还需要研究上述过程中如何进行人为干预，避免城市灾害事故发生，阻断次生事件的衍生，从而降低城市灾害事件的损失。

为了系统分析城市安全问题，明确城市安全管理的重点、要点和难点，进而提出有效的应对措施，本研究基于上述城市安全管理基础理论，构建了如图 2-11 所示的城市安全管理理论框架。

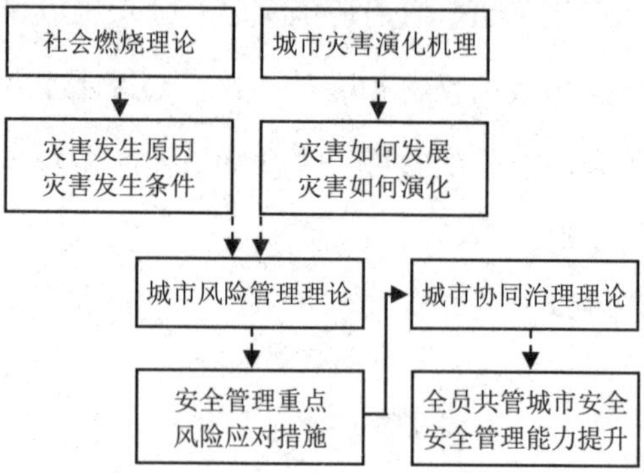

图2-11　城市安全管理理论框架

上述理论框架将社会燃烧理论、城市灾害演化机理、城市风险管理理论以及城市协同治理理论结合，形成一个系统的理论分析框架，为城市安全管理提供理论支撑。通过社会燃烧理论能够知道城市灾害发生的原因和条件；通过城市灾害演化机理能够知道城市灾害如何发展和演化，明确发展演化的条件和影响因素；在此基础上，针对城市灾害的发生、发展及演化规律进行系统、全面、全过程的风险分析，进而明确城市面临的核心风险，确定城市安全管理的重点和难点，并制定相应的城市风险应对措施；最后，应用城市协同治理理论将城市各个系统、各个部门、各层级人员有效协同在一起，形成全员参与城市安全管理、相互监督城市安全的新局面，实现城市安全管理能力与水平的全面提升。

2.6　本章小结

本章从社会燃烧理论、城市灾害演化理论、城市风险管理理论、城市协同治理理论四个方面阐述了城市安全管理的流程、规律及方法，并由此构建了河北省城市安全标准化管理模式构建的基础理论，为后续研究奠定坚实的理论基础。

第3章 河北省城市安全现状与存在的问题

明确河北省城市安全管理中存在的问题与不足是构建城市安全标准化管理模式的基础和前提。本章将系统分析河北省城市历年自然灾害、社会安全事件、事故灾难以及公共卫生事件的发生次数、规模与影响，分析河北省城市在自然灾害、社会安全事件、公共卫生事件以及事故灾难方面的抗灾保障能力，并通过问卷调查法分析河北省城市居民的安全感，进而明确河北省城市安全管理方面存在的问题。

3.1 河北省历年城市突发事件分析

城市历年突发事件的统计数据是进行城市安全分析的重要基础资料，为了探讨河北省城市安全管理的重点及存在的问题与不足，本节以河北省往年城市安全灾害数据为基础，从河北省城市自然灾害状况、河北省城市社会安全状况、河北省公共卫生安全状况以及河北省事故灾难状况四个方面进行全面分析。

3.1.1 河北省城市自然灾害状况

自然灾害（Natural disasters）是指给人类生存带来危害或损害人类生活环境的自然现象，包括干旱、高温、低温、寒潮、洪涝、山洪、台风、龙卷风、火焰龙卷风、冰雹、风雹、霜冻、暴雨、暴雪、冻雨、酸雨、大雾、大风、结冰、雾霾、地震、海啸、滑坡、泥石流、浮尘、扬沙、沙尘暴、雷电、雷暴、球状闪电、火山喷发等。在城市的发展过程中始终面临着各类自然灾害的威胁。下面将从气象灾害、地质灾害、森林火灾三个方面分析河北省城市自然灾害状况。

3.1.1.1 气象灾害状况

河北省城市面临的气象灾害主要包括旱灾、洪涝灾害、大风、风雹灾害、低温冷冻、雪灾、高温、雾霾等[124]。

（1）旱灾。旱灾是河北省发生最多、影响最大的气象灾害，成为制约河北省经济发展的重要因素。据统计，1978—1983 年河北省出现过严重的旱灾，部分地区出现长时间干旱，对河北省的农业经济造成了较大的损失。

（2）洪涝灾害。暴雨是造成洪涝灾害的重要原因，2012 年 7 月 21 日河北省保定市西北部的大暴雨和特大暴雨造成了较大的经济影响。另外，由于城市发展迅速，多数城市基础设施建设速度跟不上城市的发展速度，加之缺乏科学的安全规划，近年来，夏季城市内涝时有发生，不仅造成了一定程度的经济损失，更给城市公众的生产和生活造成了较大影响，在一定程度上严重破坏了城市公共秩序。

（3）大风。大风是一种多发、破坏较大的气象灾害，河北省大风的主要形式为台风、寒流大风等，一年四季均有发生，给河北省的工农业生产和经济发展造成了较大的影响。另外，大风天气在很大程度上威胁着城市出行居民的生命财产安全，每年由于大风引发的人员伤害和财物损失事件时有发生。

（4）冰雹。冰雹是河北省夏季时常出现的灾害之一，对农作物的破坏力很大，据统计，每年由于冰雹造成的农作物减产和绝收面积在 900 公顷以上。河北省冰雹灾害较多，相关记录表明，全省冰雹灾害仅次于旱涝灾害。

（5）霜冻。霜冻灾害一般发生在春天快要结束和秋天刚开始的时候，对农作物的危害很大，河北省北部和东北部霜冻灾害比较严重。

（6）暴雪。暴雪天气不仅会影响城市交通、城市输电线路，对蔬菜生产设施和供应造成危害，严重的还会危及人类和牲畜的生命。2009 年

11月8—12日，河北省出现了大范围强降雪，石家庄、邢台、邯郸、保定等87个县（市、区）、328万余人受灾，暴雪造成7人死亡、109人受伤；雪灾造成1544间房屋倒塌，5046间房屋损坏；农作物受灾面积16万公顷，农业大棚倒塌两万多个；大量基础设施遭到破坏，经济损失严重。

（7）高温。高温指的是一天内多个相邻地区温度大于35℃，对人类和牲畜影响较大。2009年6月下旬至7月上旬河北省出现大范围高温天气，邢台市沙河站甚至出现了44.4℃的极端天气；2019年7月初，河北省中南部最高气温在35℃到37℃，部分地区达到了40℃以上。2022年6月下旬，河北省多个城市持续出现40℃左右的高温天气，对城市居民的生活造成了较大的影响。

由河北省统计局网站查得2010—2018年河北省各类气象灾害损失情况如表3-1所示。由表中数据可以看出，旱灾、洪涝、台风、风雹、低温冷冻等自然灾害造成的直接经济损失非常严重，对河北省农作物造成了较大影响，严重威胁了河北省城市居民的安全。

表3-1　2010—2018年河北省各类气象灾害危害情况

指标	2010年	2011年	2012年	2013年	2014年	2015年	2016年	2017年	2018年
旱灾受灾面积（千公顷）	595.6	855.7	430.3	250.3	1027.9	1112.7	216.7	367.4	44
旱灾绝收面积（千公顷）	137.3	27.5	25	7.4	107.8	81.7	0.7	30.1	13
洪涝和台风受灾面积（千公顷）	284.9	227.3	375.6	311.3	48.4	282.2	953.5	91.6	252.2

续表

指标	2010年	2011年	2012年	2013年	2014年	2015年	2016年	2017年	2018年
洪涝和台风绝收面积（千公顷）	14.1	8.7	49.2	41.9	4.5	31.1	103.3	4.8	23.7
风雹灾害受灾面积（千公顷）	236	260.5	268.7	386.3	254.2	346.8	261.6	217.6	139.7
风雹灾害绝收面积（千公顷）	10.5	18.3	11.5	29.1	26.3	54.7	13.1	7.8	6.2
低温冷冻和雪灾受灾面积（千公顷）	410.9	39.8	254.4	158.6	105.2	57.1	15.4	41.4	121.1
低温冷冻和雪灾绝收面积（千公顷）	26.7	0.8	37.3	16.1	38.1	2	1.2	0.2	37.4
自然灾害受灾人口（万人次）	2280.5	2181.9	2112.1	1709.6	1716.1	1699.5	1428.2	722	503.9
自然灾害受灾死亡人口（人）	17	14	72	19	13	12	282	6	4
自然灾害直接经济损失（亿元）	97.5	69.2	397.2	113.3	135.1	107.5	618.9	46	41.3

（8）雾霾。由于河北省是工业大省，工业排放废气多，冬季气候比较干燥，大气环流比较稳定，不利于污染物扩散，加之，冬季取暖燃煤增加，进一步为雾霾形成创造了条件。自 2013 年以来，河北省雾霾非常严重（如图 3-1 所示），对人们的生命健康造成了很大影响，同时也在很大

程度上限制了河北省的经济发展[125]。图 3–2 是 2014—2019 年河北省各城市在环保部发布的 168 个城市中的空气质量排名以及空气质量综合指数情况。2014 年，在全国空气质量最差的 10 个城市中，河北省占了 8 个，100 名以后只有张家口一个城市；2015—2018 年，在全国空气质量最差的 10 个城市中，河北省占了 5 个，100 名以后只有承德和张家口两个城市；2019 年，在全国空气质量最差的 10 个城市中，河北省占了 4 个，100 名以后只有承德和张家口两个城市，改善的一点是空气质量倒数第一差的城市不再是河北的了。但是，河北省城市环境问题仍然是近几年需要关注和改善的问题。

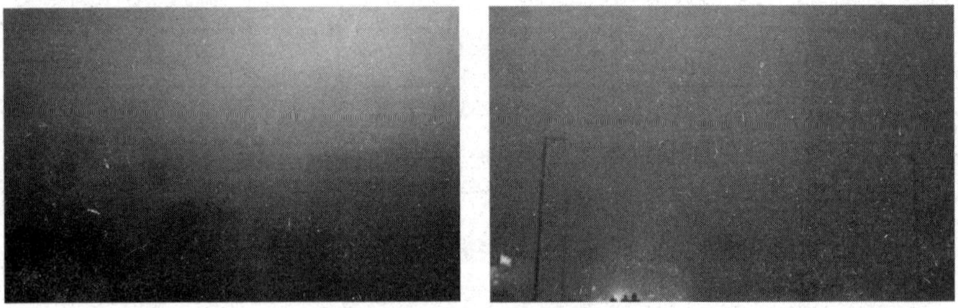

图3–1　河北省雾霾天气

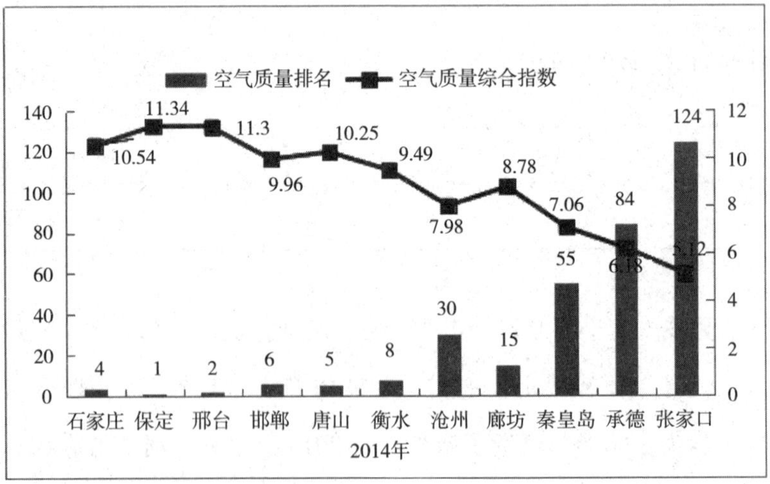

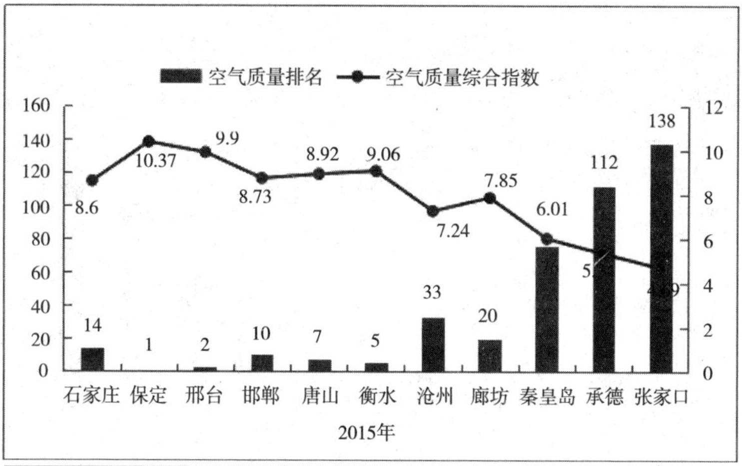
空气质量排名
空气质量综合指数
石家庄 保定 邢台 邯郸 唐山 衡水 沧州 廊坊 秦皇岛 承德 张家口
14 1 2 10 7 5 33 20 112 138
8.6 10.37 9.9 8.73 8.92 9.06 7.24 7.85 6.01
2015年

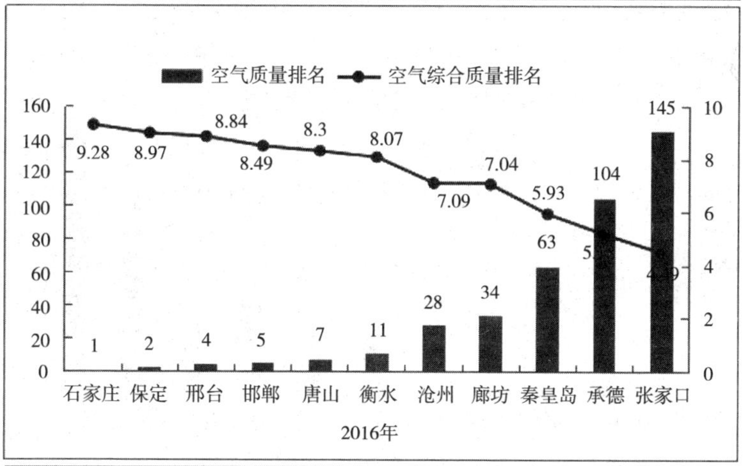
空气质量排名
空气综合质量排名
石家庄 保定 邢台 邯郸 唐山 衡水 沧州 廊坊 秦皇岛 承德 张家口
1 2 4 5 7 11 28 34 63 104 145
9.28 8.97 8.84 8.49 8.3 8.07 7.09 7.04 5.93
2016年

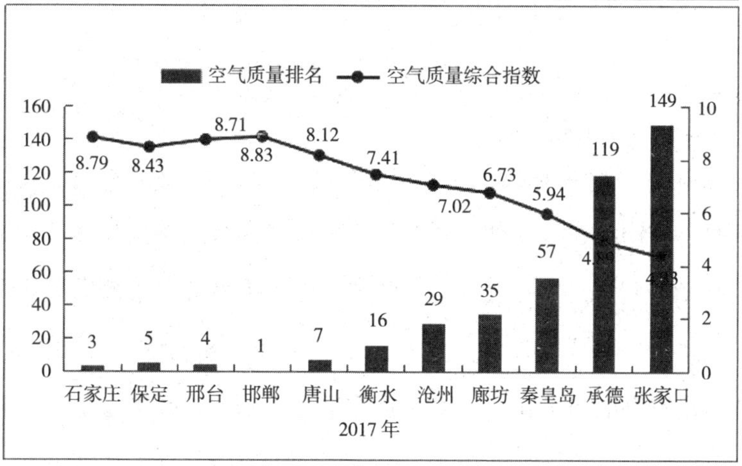
空气质量排名
空气质量综合指数
石家庄 保定 邢台 邯郸 唐山 衡水 沧州 廊坊 秦皇岛 承德 张家口
3 5 4 1 7 16 29 35 57 119 149
8.79 8.43 8.71 8.83 8.12 7.41 7.02 6.73 5.94
2017 年

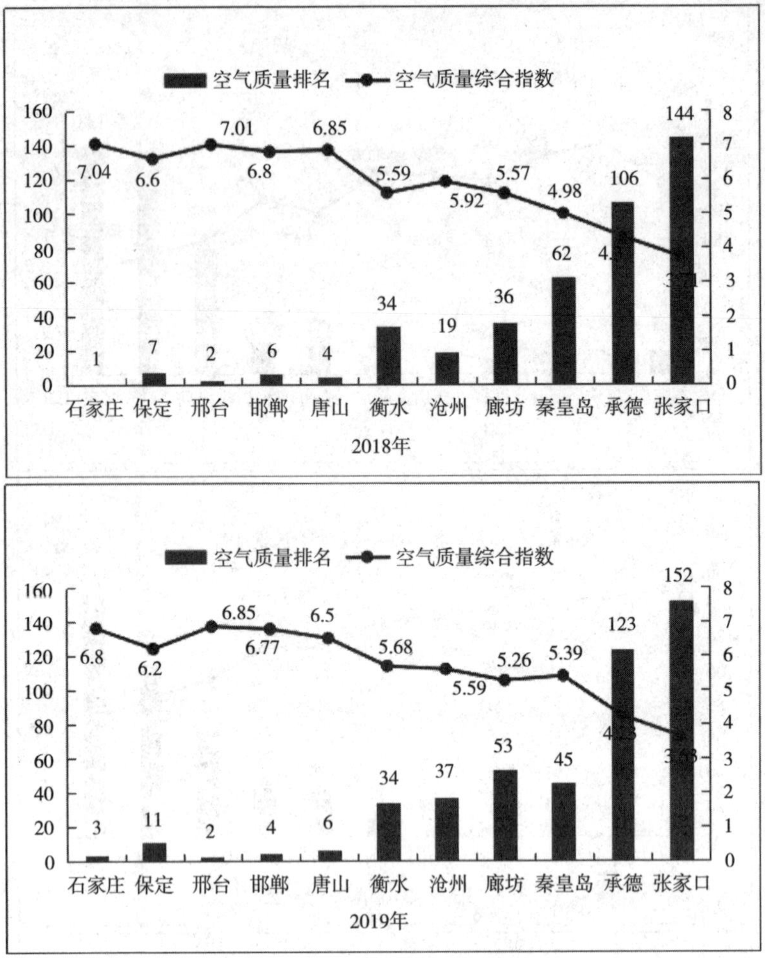

图3-2　2014—2019年河北省各城市全国空气质量排名

3.1.1.2　地质灾害状况

河北省地势地貌复杂，海拔高度差别较大，主要由高山、高原、丘陵、平原等地貌构成，山体滑坡和泥石流等地质灾害常有发生。由河北省统计局网站查得 2010—2018 年河北省各类地质灾害发生次数、人员伤亡情况、直接经济损失情况如表 3-2 所示。由表中数据可以看出，近年来，河北省地质灾害时有发生，滑坡、崩塌、泥石流等地质灾害造成了较大的经济损失，同时也造成了一定的人员伤亡。

表3–2　2010—2018年河北省地质灾害数量及损失情况

指标	2018年	2017年	2016年	2015年	2013年	2012年	2011年	2010年
发生地质灾害起数（次）	10	10	30	5	19	36	18	20
发生滑坡灾害起数（次）	4	1	13	0	6	6	4	2
发生崩塌灾害起数（次）	6	7	8	1	8	10	3	3
发生泥石流灾害起数（次）	0	1	4	0	0	10	5	3
发生地面塌陷灾害起数（次）	0	1	4	2	4	6	3	6
地质灾害人员伤亡（人）	1	3	0	0	16	1	0	0
地质灾害死亡人数（人）	0	3	0	0	8	0	0	0
地质灾害直接经济损失（万元）	10	189	194	102	113	430	2201	341

河北省地质灾害中，地震是比较突出的，影响也是巨大的。据统计，河北省发生过 5 次较大的地震（如表 3–3 所示），不仅造成了大量人员伤亡和经济损失，更严重影响了人们的心理健康，地震多年后，经历地震或地震中丧失亲人的公众仍不愿意提起当年的地震。近年来，虽然河北省未发生较大地震，但是时有发生，由河北省地震局统计得知，2014 年 1 月 1 日至 2020 年 8 月 10 日，河北省发生 1.4~4.5 级地震共 60 余次，其中，唐山 26 次、张家口 16 次、邢台 5 次、秦皇岛 4 次、廊坊 4 次、邯郸 3 次、沧州 2 次、保定 1 次。

表3-3　河北省史上5次大地震情况

时间	地点	强度	死亡人数
1679年9月2日	三河	8级	2677人
1966年3月8日~29日	邢台	6级以上5次，最大7.2级	8064人
1967年3月27日	河间	6.3级	19人
1976年7月28日	唐山	7.8级	24万余人
1998年1月10日	张北	6.2级	49人

3.1.1.3　森林火灾状况

森林火灾是河北省另一类自然灾害，森林火灾的发生对生态环境、野生动物、人类都有较大的威胁。由河北省统计局统计得知，2011—2018 年河北省各类森林火灾发生次数及损失情况如表 3-4 所示。由表中数据可以看出，河北省每年都有森林火灾发生，造成了较大的经济损失。

表3-4　2011—2018年河北省森林火灾发生次数及损失情况

指标	2018年	2017年	2016年	2015年	2014年	2013年	2012年	2011年
森林火灾次数（次）	25	38	42	74	93	52	83	108
一般火灾次数（次）	21	24	30	66	78	43	73	94
较大火灾次数（次）	4	14	12	8	15	9	10	13
重大火灾次数（次）	0	0	0	0	0	0	0	1
火场总面积（公顷）	295.42	1156.69	572.71	470.65	1167.96	422.07	2111.95	2169
受害森林面积（公顷）	66.85	319.21	133.59	86.15	164.81	31.39	220.72	353.64
天然林受害面积（公顷）	0	0	0	0	0	0	0	3.36
人工林受害面积（公顷）	0	0	0	0	0	0	0	350.28
森林火灾伤亡人数（人）	0	0	0	0	3	2	0	3

续表

指标	2018年	2017年	2016年	2015年	2014年	2013年	2012年	2011年
森林火灾死亡人数（人）	0	0	0	0	0	0	0	2
森林火灾其他损失折款（万元）	7.6	4	10.14	9	1.17	4.51	50.6	12.2

3.1.2　河北省城市社会安全状况

近年来河北省社会安全状况逐年好转，较为稳定。随着京津冀协同发展战略、雄安新区战略的实施，河北省城市社会安全将面临新的挑战。具体来说，当前，河北省社会安全呈现出以下状况。

（1）刑事案件逐年好转。近几年，河北省刑事案件数量出现逐年下降的趋势，但仍在高位运行。据河北省公安厅统计数据显示，2013 年 1 月 1 日至 2019 年 12 月 31 日河北省出现治安事件 1300 余起，案件类型包括绑架、抢劫、盗窃、诈骗、医闹、敲诈勒索、赌博、寻衅滋事、传销、非法集资、造假、制毒贩毒等，其中盗窃案件所占比重最大，河北省城市居民防盗意识仍有待加强；便利的网络给人们带来方便的同时，也带来了诈骗隐患，近年来河北省诈骗案件数量呈现上升态势，逐渐成为影响河北省治安的重要因素。

（2）群体性事件不断下降。近几年，河北省发生的群体性事件数量不断下降，上京上访人数逐年下降，表明河北省在这方面的管理能力有所提高。但是，群体性事件影响恶劣，应该进一步加强防范，及时制止。另外，各级政府应该关注民生，及时了解群众利益诉求，并及时解决群众困难，减少上访量，降低群体性事件的发生率[126]。

3.1.3　河北省城市公共卫生安全状况

城市公共卫生安全关系每一名城市居民的生命健康，需要大家共同遵守公共卫生制度，确保公共卫生安全。自2020年年初发生新冠肺炎疫情以来，河北省城市在生产、生活方面都受到了很大影响。下面主要从河北省城市传染病状况、食品医药卫生状况分析河北省城市公共卫生安全状况。

3.1.3.1　河北省传染病状况

（1）河北省传染病年度数据分析。由河北省卫生健康委员会官方数据得知，河北省2013—2019年，39种甲、乙、丙类法定报告传染病中，2018年出现甲类传染病霍乱1例，其他年度未出现甲类传染病；共出现乙类传染病20种，946398例，死亡1481人；共出现丙类传染病10种，1214709例，死亡102人。图3-3为2013—2019年河北省乙类传染病和丙类传染病各年数据信息。

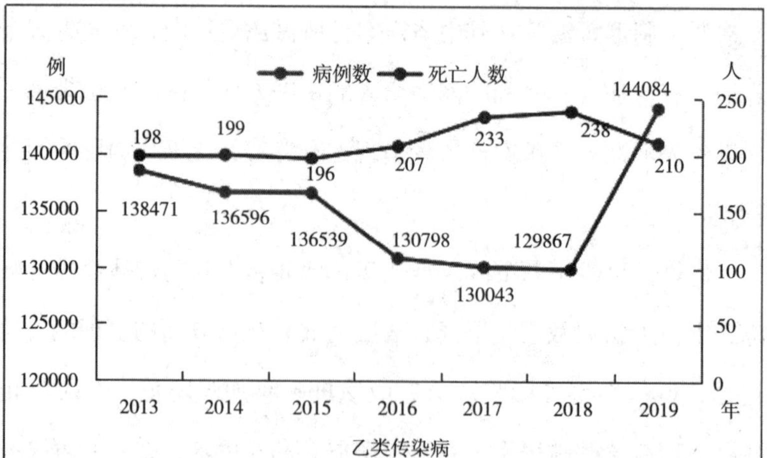

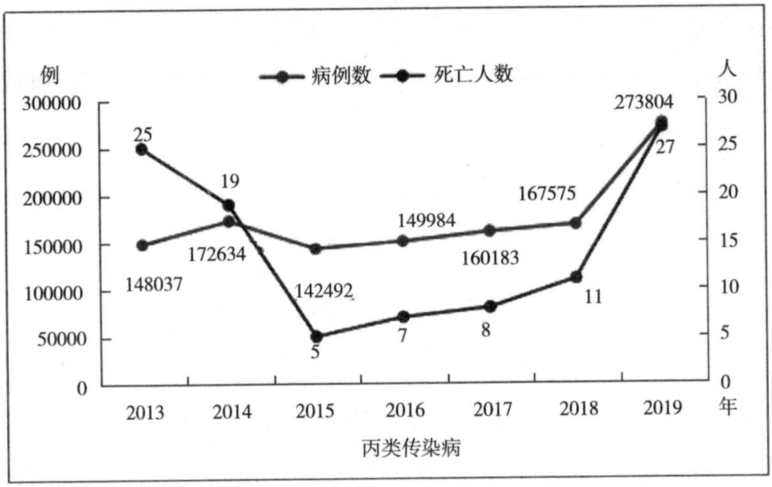

图3-3　2013—2019年河北省乙类传染病和丙类传染病统计数据

2013 年 1 月 1 日 0 时至 12 月 31 日 24 时，39 种甲、乙、丙类法定报告传染病中，未收到甲类传染病报告；共报告乙类传染病 20 种，发病 138471 例，报告死亡总数为 198 例，报告发病数居前五位的病种为病毒性肝炎、肺结核、细菌性和阿米巴性痢疾、梅毒和布病，占乙类传染病发病总数的 95.62%。有死亡病例报告病种为艾滋病、狂犬病、肺结核、病毒性肝炎、出血热、甲型 H1N1 流感、乙脑、细菌性痢疾、流脑和梅毒；共报告丙类传染病 10 种，发病 148037 例，报告死亡总数为 25 例，报告发病数由高到低排序依次为手足口病、其他感染性腹泻病、流行性感冒、流行性腮腺炎、急性出血性结膜炎、风疹、斑疹伤寒、包虫病、麻风病和黑热病。有死亡病例报告病种为手足口病和流行性感冒。

2014 年 1 月 1 日 0 时至 12 月 31 日 24 时，39 种甲、乙、丙类法定报告传染病中，未收到甲类传染病报告；共报告乙类传染病 20 种，发病 136596 例，报告死亡总数为 199 例，报告发病数居前五位的病种为病毒性肝炎、肺结核、痢疾、梅毒和布病，占乙类传染病发病总数的 91.15%。有死亡病例报告病种为艾滋病、狂犬病、肺结核、病毒性肝炎、梅毒、麻疹和出血热；共报告丙类传染病9种，发病172634例，死亡19例，报告发病数由高到低排序依次为手足口病、其他感染性腹泻病、流行性感冒、流行性腮腺炎、急性出血性结膜炎、风疹、斑疹伤寒、黑热病和包虫病。有死亡病例报告病种为手足口病、其他感染性腹泻病和流行性感冒。

2015年1月1日0时至12月31日24时，39种甲、乙、丙类法定报告传染病中，未收到甲类传染病报告；共报告乙类传染病18种，发病136539例，报告死亡总数为196例，报告发病数居前五位的病种为病毒性肝炎、肺结核、梅毒、痢疾和布病，占乙类传染病发病总数的91.67%。有死亡病例报告病种为艾滋病、狂犬病、肺结核、病毒性肝炎、出血热、梅毒、麻疹和流脑；丙类传染病9种，发病142492例，死亡5例，报告发病数由高到低排序依次为其他感染性腹泻病、手足口病、流行性感冒、流行性腮腺炎、急性出血性结膜炎、斑疹伤寒、风疹、麻风病和包虫病。

2016年1月1日0时至12月31日24时，39种甲、乙、丙类法定报告传染病中，未收到甲类传染病报告；共报告乙类传染病20种，发病130798例，报告死亡总数为207例，报告发病数居前五位的病种为病毒性肝炎、肺结核、梅毒、痢疾和猩红热，占乙类传染病发病总数的93.27%。有死亡病例报告病种为艾滋病、肺结核、狂犬病、病毒性肝炎、疟疾、麻疹、出血热、淋病、人感染H7N9禽流感和梅毒；丙类传染病9种，发病149984例，报告死亡7例，报告发病数由高到低排序依次为手足口病、其他感染性腹泻病、流行性感冒、流行性腮腺炎、急性出血性结膜炎、风疹、斑疹伤寒、黑热病（输入性病例）和包虫病。有死亡病例报告病种为手足口病和流行性感冒。

2017年1月1日0时至12月31日24时，39种甲、乙、丙类法定报告传染病中，未收到甲类传染病报告；共报告乙类传染病20种，发病130043例，死亡233例，报告发病数居前五位的病种为病毒性肝炎、肺结核、梅毒、痢疾和猩红热，占乙类传染病发病总数的94.69%，有死亡病例报告病种为艾滋病、肺结核、人感染H7N9禽流感、病毒性肝炎、狂犬病、梅毒和疟疾；丙类传染病9种，发病160183例，死亡8例，报告发病数居前五位的病种为其他感染性腹泻病、手足口病、流行性感冒、流行性腮腺炎和急性出血性结膜炎，占丙类传染病发病总数的99.87%。

2018年1月1日0时至12月31日24时，39种甲、乙、丙类法定报告传染病中，共报告甲类传染病1种，无死亡；共报告乙类传染病20种，发病129867例，死亡238例，报告发病数居前五位的病种为病毒性肝炎、肺结核、梅毒、痢疾和猩红热，占乙类传染病发病总数的94.46%，有死亡病例报告病种为艾滋病、肺结核、病毒性肝炎、狂犬病、乙脑、梅毒和出血热；丙类传染病10种，发病167575例，死亡11例，报告发病数居前五位的病种为其他感染性腹泻病、流行性感冒、手足口病、流行性腮腺炎和急性出血性结膜炎，占丙类传染病发病总数的99.94%。

2019年1月1日0时至12月31日24时，39种甲、乙、丙类法定报告传染病中，未收到甲类传染病报告；共报告乙类传染病20种，发病144084例，死亡210例，报告发病数居前五位的病种为病毒性肝炎、肺结核、梅毒、猩红热、痢疾，有死亡病例报告病种为艾滋病、病毒性肝炎、肺结核、流行性脑膜炎、梅毒、疟疾、丙肝、流脑、狂犬病；共报告丙类传染病10种，发病273804例，死亡27例，报告发病数居前五位的病种为流行性感冒、其他感染性腹泻病、手足口病、流行性腮腺炎、急性出血性结膜炎，有死亡病例报告病种为流行性感冒。

（2）河北省传染病月度数据分析。表 3-5 是 2013—2019 年乙类传染病各年每月病例数和死亡人数统计数据，图 3-4 是对 7 年每月发病病例进行平均得到的平均值数据，由图可以看出，每年 3 月、5 月是乙类传染病的高发期，发病率较高。

表3-5　2013—2019年乙类传染病各年每月病例数和死亡人数

指标	2013年		2014年		2015年		2016年		2017年		2018年		2019年	
	病例数	死亡人数	病例数	死亡人数	病例数	死亡人数	病例数	死亡人数	病例数	死亡人数	病例数	死亡人数	病例数	死亡人数
1月	11204	13	10402	25	11549	13	10942	13	9580	11	12290	19	12350	10
2月	8794	12	11011	12	8984	12	10342	11	11307	12	8844	6	9305	7
3月	13662	16	14421	16	13710	19	14351	19	13498	14	13497	20	12935	15
4月	13606	16	14469	12	13122	15	13355	18	12247	19	12076	20	12991	14
5月	14023	13	13781	18	13656	18	13929	15	13506	28	13740	21	12943	13
6月	12616	10	13134	19	13828	18	13753	15	13244	29	12858	14	12332	19
7月	13336	19	14136	24	13826	16	12790	25	12522	19	12503	19	13470	15
8月	13417	18	12666	16	12175	16	13153	17	12997	17	12735	25	12397	18
9月	12321	22	11575	17	12489	18	11853	21	12166	18	11455	20	11546	18
10月	11547	23	11004	12	11642	12	10772	17	10460	13	10986	26	11069	25
11月	11443	15	11053	12	11644	18	11471	17	11413	20	12054	20	11580	29
12月	12165	21	11786	22	12696	25	12422	22	12005	26	11216	21	11166	27

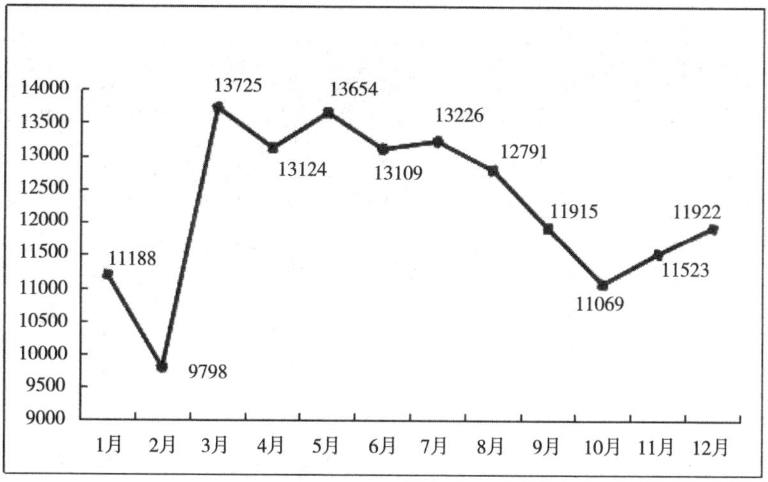

图3-4　2013—2019年乙类传染病各月平均病例数

表 3-6 是 2013—2019 年丙类传染病各年每月病例数和死亡人数统计数据，图 3-5 是对 7 年每月发病病例进行平均得到的平均值数据，由图可以看出，每年 6 月、7 月、12 月是丙类传染病的高发期，发病率较高。

表3-6　2013—2019年丙类传染病各年每月病例数和死亡人数

指标	2013年		2014年		2015年		2016年		2017年		2018年		2019年	
	病例数	死亡人数	病例数	死亡人数	病例数	死亡人数	病例数	死亡人数	病例数	死亡人数	病例数	死亡人数	病例数	死亡人数
1月	6439	0	7267	0	7025	0	8136	0	8441	0	23107	7	34788	3
2月	5059	0	5803	2	5285	1	7117	0	8657	2	10624	3	17113	1
3月	6968	0	7878	2	7133	1	8049	1	8441	1	8463	0	21097	0
4月	10422	3	15099	0	7964	0	7759	0	7716	0	7928	1	24595	20
5月	19149	2	24570	3	14676	0	13298	1	12545	2	11343	0	15739	1
6月	23663	4	29271	2	26513	0	22604	2	18631	0	16007	0	18229	0
7月	21170	6	24064	6	20750	1	23646	1	22438	1	19684	0	21580	0
8月	13055	4	14059	3	15393	1	18456	1	18879	1	17427	1	17673	0
9月	9864	2	11053	0	9339	0	11756	0	12710	0	11344	0	13448	0
10月	9508	1	10837	2	8603	0	10441	0	9498	0	9822	0	11398	0

续表

指标	2013年		2014年		2015年		2016年		2017年		2018年		2019年	
	病例数	死亡人数	病例数	死亡人数	病例数	死亡人数	病例数	死亡人数	病例数	死亡人数	病例数	死亡人数	病例数	死亡人数
11月	12981	3	12945	0	9653	0	9606	0	11459	1	12036	0	15915	0
12月	10629	0	10744	1	10738	1	10554	1	20540	1	19621	0	62229	2

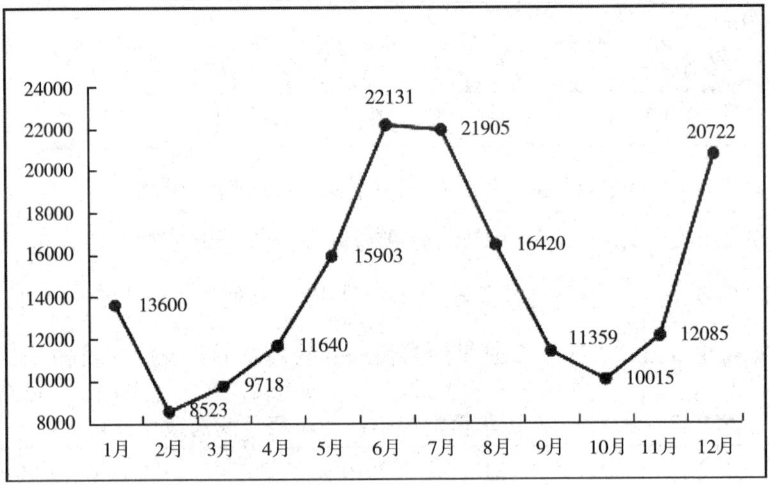

图3-5　2013—2019年丙类传染病各月平均病例数

3.1.3.2　河北省食品药品安全状况

近年来，河北省对各类食品药品加强安全管理，取得了较好的成果，2014年以来，河北省食品药品安全形势总体良好，未发生重大食品药品安全事件。下面结合河北省食品药品监督管理统计报告（2015—2019年）分析河北省近年来食品药品安全状况。

（1）2014年河北省食品药品安全状况。2014年，河北省食品药品监督管理局共组织国家食品安全风险监测和省本级食品安全风险监测共计4481批次，其中无风险4115批次，占91.82%，可能存在风险的问题样品366批次，问题率8.17%。其中，食品生产环节出现问题样品33批次，其余 333 批次均出现在食品流通和餐饮服务环节。全省食品生产、流通、餐饮监管部门共查处各类食品安全违法违规案件 17307 件，其中生产环节违规案件 714 件，占食品案件总数的 4.1%。食品流通环节违规案件 2526 件，占食品案件总数的 14.6%，餐饮服务环节违规案件 14067 件，占食品案件总数的 81.3%。经分析存在以下问题：餐饮业“多、小、散、低”的问题未得到根治；技术、原料、违法手段等方面新的食品安全风险不断出现；食品经营者法治意识淡漠与消费者维权意识不强并存；基层监管体制改革进展缓慢带来的不利影响。

（2）2015 年河北省食品药品安全状况。2015 年，河北省共查处食品案件 14113 件，罚款 3687.92 万元。其中生产环节共查处 993 件，占食品安全案件总数的 7.04%；流通消费环节案件 3035 件，占食品安全案件总数的 21.5%。其中，来源于执法检验的案件 5400 件，占食品安全案件总数的 38.26%；来源于专项检查的案件为 3496 件，占食品安全案件总数的 24.77%；来源于监督检查的案件 1617 件，占食品安全案件总数的 11.46%。共查处药品安全案件 10635 件，罚款金额为 1848.53 万元，移交司法机关案件 24 件。其中，来源于投诉举报的案件为 235 件，占药品案件总数的 2.11%；来源于监督检验的案件为 880 件，占药品案件总数的 8.27%；来源于执法检验的案件为 2672 件，占药品案件总数的 25.12%；来源于专项检查的案件为 2214 件，占药品案件总数的 20.82%。

（3）2016 年河北省食品药品安全状况。2016 年共查处食品案件 1882 件，其中一般程序案件 10011 件，简易程序案件 1871 件。查处的一般程序案件累计罚款金额 6950.76 万元，没收违法所得 251.85 万元，责令停止生产经营 12 户次，吊销许可证案件 1 件，捣毁制假窝点 18 个，移送司法机关 45 件。2016 年各级监管机构共查处药品案件 9533 件，其中一般程序案件4683件，简易程序案件4850件。一般程序案件涉及罚款金额1835.47万元，没收违法所得金额210万元，责令停止生产经营67户次，吊销药品经营许可证8件，捣毁制假窝点5个，移送司法机关案件22件。

（4）2017年河北省食品药品安全状况。2017年，全省各级监管机构共受理食品投诉举报19619件、保健食品投诉举报822件，合计20441件，占投诉举报受理总量的90.30%。共查处一般程序食品（含保健食品）案件1.49万件（其中，保健食品案件508件），货值金额773.07万元，罚款1.02亿元，没收违法所得410.04万元。责令停产停业146户次，吊销许可证14件，捣毁制假售假窝点15个，移送司法机关47件。查处食品案件数量居前五位的地市为邯郸、保定、廊坊、沧州、邢台。

2017年，全省各级监管机构共受理药品投诉举报案件1582件，占受理总量的7.00%。共查处一般程序药品案件4736件，货值金额共计610.14万元，罚款1918.23万元，没收违法所得174.22万元。责令停产停业238户次，吊销许可证2件，捣毁制假售假窝点12个，移送司法机关49件。查处药品案件数量居前五位的地市为邯郸、邢台、唐山、保定、石家庄。

（5）2018年河北省食品药品安全状况。2018年，食品方面共立案查处违法案件4612件，抓获涉嫌违法犯罪分子1320人，涉案金额近29亿元；全年共监测检查食品、保健食品广告2647条次，约谈各级媒体53次，停播违规医疗养生类节目66个，下发违规处理通知书32件，核查整改通知书47件，开展各类警示谈话17次。2018年，全省各级监管机构共查处药品案件8457件，其中一般程序药品案件4449件，来源于日常监管和专项检查的案件占药品案件总数的88.6%，来源于监督抽检的案件占药品案件总数的 1.99%。药品案件的违法主体以经营企业和医疗机构为主，分别占药品案件总数的 66.16% 和 26.50%。货值金额共计 1104.86 万元，共计罚款 2447.49 万元，没收违法所得 327.45 万元。责令停产停业 292 户次，吊销许可证 24 件，捣毁制假售假窝点 4 个，移送司法机关 62 件。查处一般程序药品案件数量居前五位的地市为邯郸、邢台、唐山、石家庄、保定。

另外，据统计 2016—2018 年河北省全省 3 年报告食物中毒事件 305 起，共发病 2735 例，死亡 14 例。其中，第二季度和第三季度是食物中毒事件和发病人数的高发期。在致病因素方面，细菌性中的副溶血性弧菌和沙门氏菌是主要的致病因素。死亡人数最多的为有毒动植物性食物中毒事件，占各类事件总死亡人数的 64.3%；其中发生在家庭内的死亡人数最多，占总数的 78.6%。在各个行业领域中，发病起数和发病人数最多的是餐饮服务单位，分别占总数的 45.2% 和 48.4%。

综上所述，近几年河北省在传染病、食品药品安全方面，每年都有一定量的事件出现，但是总体情况比较稳定，安全形势较为乐观。

3.1.4　河北省城市事故灾难状况

由河北省历年国民经济和社会发展统计公报统计数据得知，2013 年至 2019 年 7 年间河北省各类生产安全事故死亡人数为 13127 人，造成了严重的经济损失（如图 3–6 所示）。由图 3–6 可以看出，近年来，河北省生产安全形势逐年好转，死亡人数不断下降，尤其是 2015 年后下降明显。但是，河北省作为工业大省，生产安全管理形势仍然严峻，生产安全管理不能松懈。

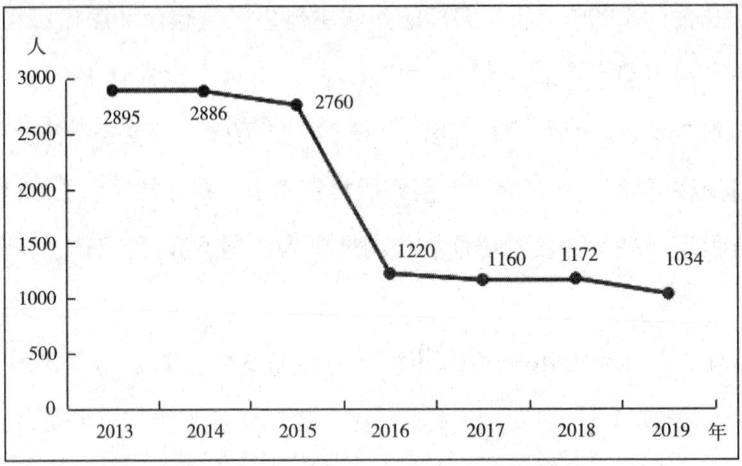

图3-6　2013—2019年河北省各类生产安全事故死亡人数（单位：人）

3.1.4.1　工业安全状况分析

（1）工业安全事故总体情况。河北省工业企业数量多、种类多，安全管理的难度自然会很大。图 3-7 是通过河北省应急管理厅网站查得河北省 2013 年至 2019 年工业事故起数和死亡人数统计数据，这 7 年内共发生工业事故 697 起，死亡 1039 人，生产安全形势较为严峻。

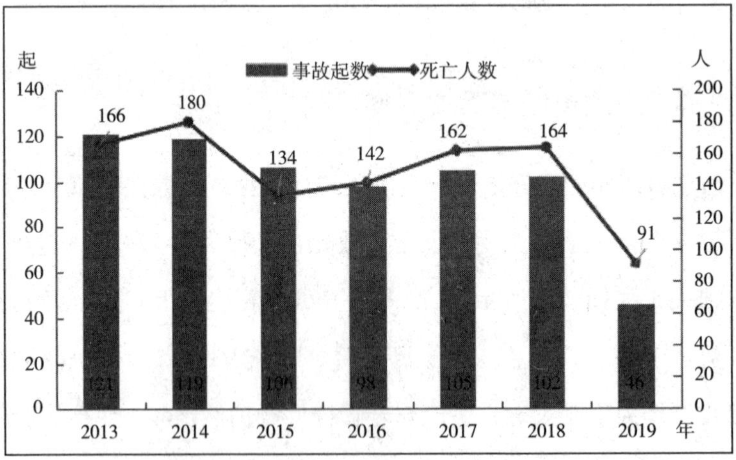

图3-7　2013—2019年河北省工业安全事故

（2）各类工业安全事故情况。2013 年至 2019 年，697 起工业安全事故中高空坠落事故、机械伤害事故、物体打击事故排在前三位，分别为 152 起、120 起、95 起，共占事故总数的 52.3%；高空坠落事故、中毒窒息事故、机械伤害事故造成的死亡人数排在前三位，分别为 173 人、161 人、140 人，共占死亡总数的 45.6%（如图 3-8 所示）。

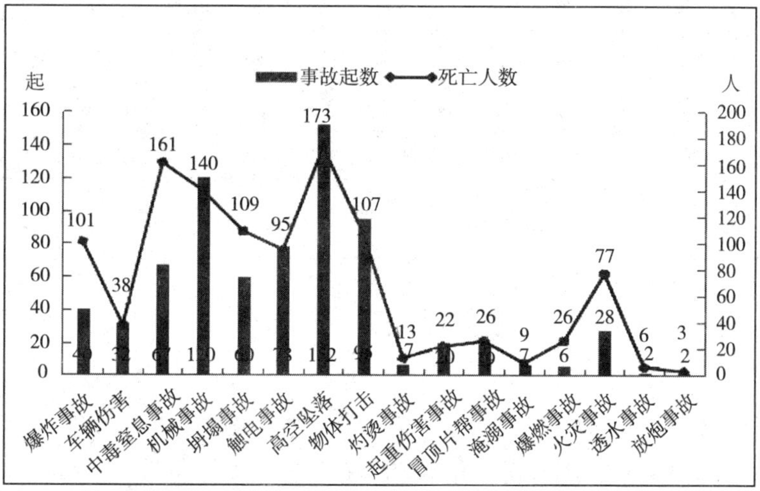

图3-8　2013—2019年河北省各类工业安全事故情况

（3）各个城市工业事故情况。2013—2019 年河北省各个城市中，唐山、保定、张家口工业事故排在前三位，分别是 143 起、88 起、82 起，共占事故总数的 44.9%；唐山、邯郸、张家口工业事故死亡人数排在前三位，分别为 202 人、138 人、136 人，共占事故死亡总人数的 45.8%（如图 3-9 所示）。

（4）各个月份工业事故情况。2013—2019 年河北省各月份中，7 月发生的工业安全事故最多，为 81 起，其次是 6 月的 73 起；6 月死亡人数最多为 104 人，其次是 7 月死亡 102 人（如图 3-10 所示）。可见，每年的 6 月和 7 月是工业安全事故多发期，应该重点加强这两个月的安全管理工作。

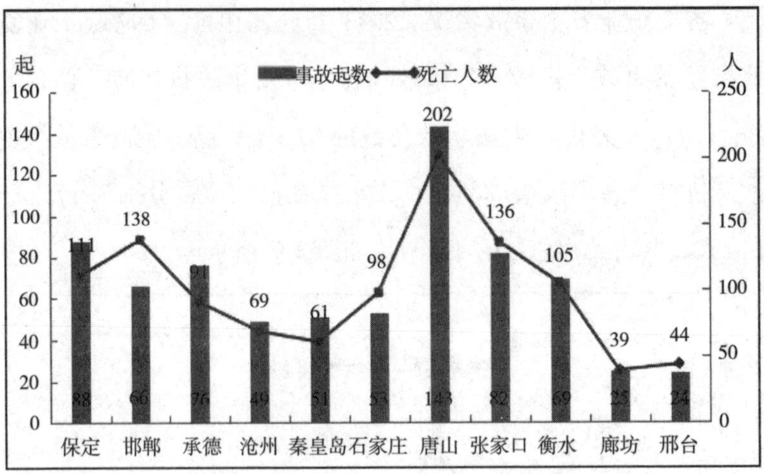

图3-9　2013—2019年河北省各城市工业事故情况

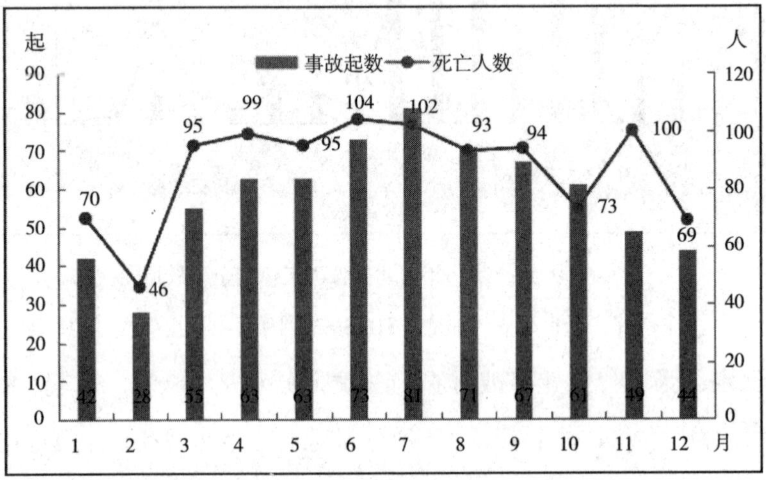

图3-10　2013—2019年河北省各月工业事故情况

3.1.4.2　交通安全状况分析

近年来，河北省交通事故形势较为严峻，2012—2018 年河北省共发生交通事故 35040 起，总共死亡 17491 人，受伤 31523 人，共造成直接财产损失 32444.9 万元（如表 3-7、图 3-11 所示）。

表3-7　2012—2018年河北交通事故数量及损失情况

指标	起数	死亡人数	受伤人数	直接财产损失（万元）
2012	5285	2503	4738	5022.3
2013	5204	2501	4770	3938.3
2014	5009	2499	4533	4947.9
2015	4852	2498	4319	3995.3
2016	4919	2500	4433	5008.3
2017	4848	2496	4427	4694.8
2018	4923	2494	4303	4838

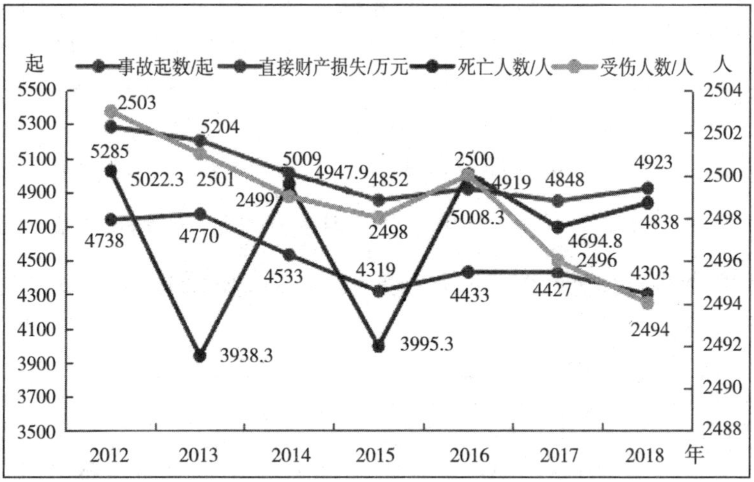

图3-11　2012—2018年河北省交通事故情况

从图 3-11 可以看出，近年来河北省交通事故发生数量和死亡人数有下降的趋势，但是总量仍然高居不下，形势较为严峻，交通安全管理工作仍需进一步加强。

3.1.4.3　环境安全状况分析

由河北省统计局统计数据得知，2011—2018 年河北省每年都有突发环境事件发生，虽然数量不多，但是突发环境事件的发生会对生态环境、人类健康造成较大的影响。而且，生态环境事件发生后，恢复难度大，恢复成本高。因此，一定要进一步加强环境安全管理（如表 3-8 所示）。

表3-8　2011—2018年河北省突发环境事件情况

指标	2018年	2017年	2016年	2015年	2014年	2013年	2012年	2011年
突发环境事件次数（次）	6	2	1	6	2	3	10	16
重大环境事件（次）	0	0	0	1	0	0	0	0
较大环境事件（次）	0	1	0	0	0	0	0	2
一般环境事件（次）	6	1	1	5	2	3	10	14

另外，通过国家统计局查得的河北省 2010—2017 年环境治理投资情况可以看出，近年来河北省环境安全管理压力较大，平均每年需要投入近 40 万元的治理资金进行环境污染治理（如表 3-9 所示）。

表3-9　2010—2017年河北省工业污染治理投资情况

指标	2017年	2016年	2015年	2014年	2013年	2012年	2011年	2010年
工业污染治理完成投资（万元）	342738	248465	541596	889518	511769	236290	243399	108588
治理废水项目完成投资（万元）	17680	11061	7127	59925	59637	52178	70721	24678
治理废气项目完成投资（万元）	262270	230068	411968	779803	440113	181167	156828	82054
治理固体废物项目完成投资（万元）	—	80	1880	2324	513	86	7766	2
治理噪声项目完成投资（万元）	19	80	24	36	130	—	595	993

续表

指标	2017年	2016年	2015年	2014年	2013年	2012年	2011年	2010年
治理其他项目完成投资（万元）	62770	7176	120597	47430	11376	2858	7490	862

综上所述，河北省城市安全总体上处于稳定状态，形势不断好转，对于促进河北省经济发展，推动京津冀协同发展、雄安新区建设具有重要意义。但是，河北省城市同样面临着较为严重的自然灾害，社会安全形势较为严峻，公共卫生事件时有发生，生产安全事故影响较大，城市安全管理工作任重道远。

3.2　河北省城市安全抗灾保障能力分析

3.2.1　河北省城市自然灾害安全抗灾保障能力

城市自然灾害的主要受灾主体包括城市居民和城市基础设施两个方面。下面从受灾主体抗灾能力、自然灾害监测预警能力、自然灾害保障能力三个方面分析河北省城市自然灾害安全抗灾保障能力。

（1）受灾主体抗灾能力分析。表 3–10 是由国家统计局查得的河北省城市自然灾害受灾主体相关统计信息，图 3–12 是各个指标 2011—2018 年的变化趋势。由图 3–12 可以看出，一是 2011—2018 年河北省 0~14 岁、65 岁以上人口数量上升趋势比较明显，这两类群体在应对自然灾害上属于较弱势群体，存在较大不利因素，尤其是0~14岁人口数量较大，在应对较大突发自然灾害时抗灾能力较弱。二是2011—2018年河北省城镇人口数量、城市人口密度一直处于上升趋势，人口数量和人口密度的增大，必将加大应对突发自然灾害的难度和复杂程度。例如，河北省城市人口数量的增加，大多原因是外来流动人口数量增加了，这将进一步增大一个城市内每天的人流量，在发生暴雨的情况下，城市内交通情况会更加混乱，可能引发较大的安全事件。三是2011—2018年河北省城市道路面积、城市排水管道长度逐年增加，这对于河北省城市自然灾害应对是有利的。以暴雨这一自然灾害为例，道路面积的增加，在一定程度上能够缓解交通压力；排水管道长度的增加，有利于提升城市街道排水效率，因此，这些条件的改善，对于城市应对暴雨等自然灾害是有利的。

表3-10 2011—2018年河北省城市自然灾害受灾主体相关信息

指标	2011年	2012年	2013年	2014年	2015年	2016年	2017年	2018年
0~14岁人口数（人）	10890	10912	10772	11347	11453	11584	11152	11440
65岁及以上人口数（人）	5053	5529	5547	5682	6567	6845	7326	7854
城镇人口（万人）	3302	3411	3528	3642	3811	3983	4136	4264
城市人口密度（人/平方千米）	2362	2411	2483	2540	2646	2659	2675	3210
道路面积（万平方米）	27935	28433	29304	30113	31570	33252	34888	37605
城市排水管道长度（万千米）	1.54	1.58	1.59	1.59	1.7	1.8	1.83	2.07

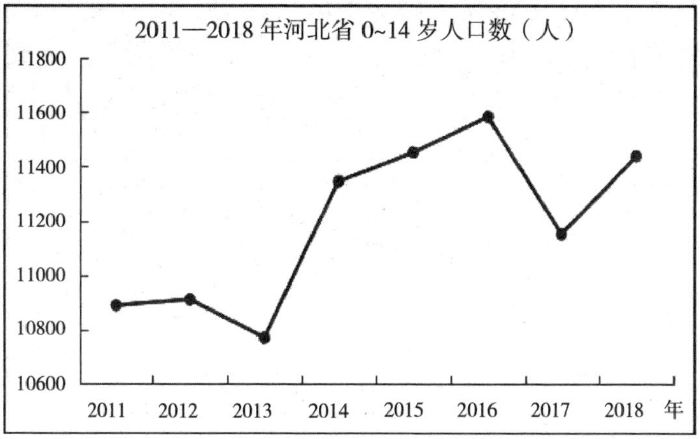
2011—2018 年河北省 0~14 岁人口数（人）
11800
11600
11400
11200
11000
10800
10600
2011
2012
2013
2014
2015
2016
2017
2018
年

2011—2018 年河北省 65 岁以上人口数（人）
8500
8000
7500
7000
6500
6000
5500
5000
4500
4000
2011
2012
2013
2014
2015
2016
2017
2018
年

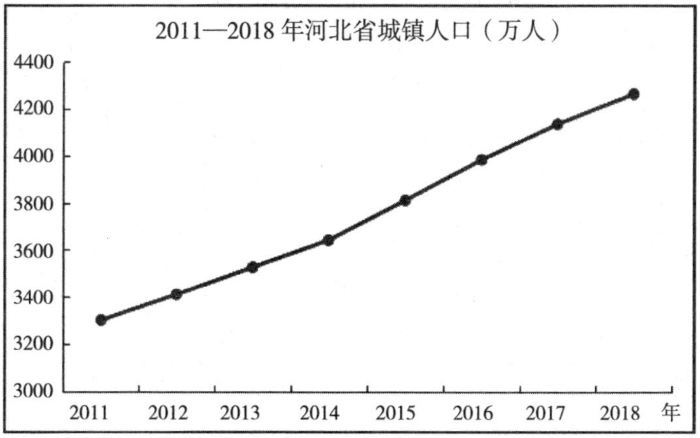
2011—2018 年河北省城镇人口（万人）
4400
4200
4000
3800
3600
3400
3200
3000
2011
2012
2013
2014
2015
2016
2017
2018
年

图3-12　2011—2018年河北省城市自然灾害受灾主体变化趋势

（2）自然灾害监测预警能力分析。城市自然灾害的监测预警能力是一个城市应对自然灾害水平高低的重要体现，由表 3–11 和图 3–13 可以看出，2011—2018 年河北省地震台总数以及各城市地震宏观观测点数量处于稳定增加趋势，对于地震信息监测和预警是十分有利的。在气象灾害观测预警方面，2011—2017 年气象地面观测业务站点个数比较稳定，一直是 142 个，2018 年激增到 411 个；卫星云图接收业务站点个数从 2016 年开始也有所增加。这些气象监测站点能够在一定程度上提前获取自然灾害发生情况，诸如监测暴雨、高温、低温等灾害，提前发布预警信息，让城市居民提前做好应对准备，这在很大程度上降低了自然灾害对城市造成的影响。

表3–11 河北省自然灾害监测预警能力信息

指标	2011年	2012年	2013年	2014年	2015年	2016年	2017年	2018年
地震台数总数（个）	86	86	86	90	99	110	101	108
宏观观测点（个）	1162	2755	2755	1666	2901	2633	3778	4025
地面观测业务站点个数（个）	142	142	142	142	142	142	142	411
卫星云图接收业务站点个数（个）	6	6	6	6	6	7	7	8

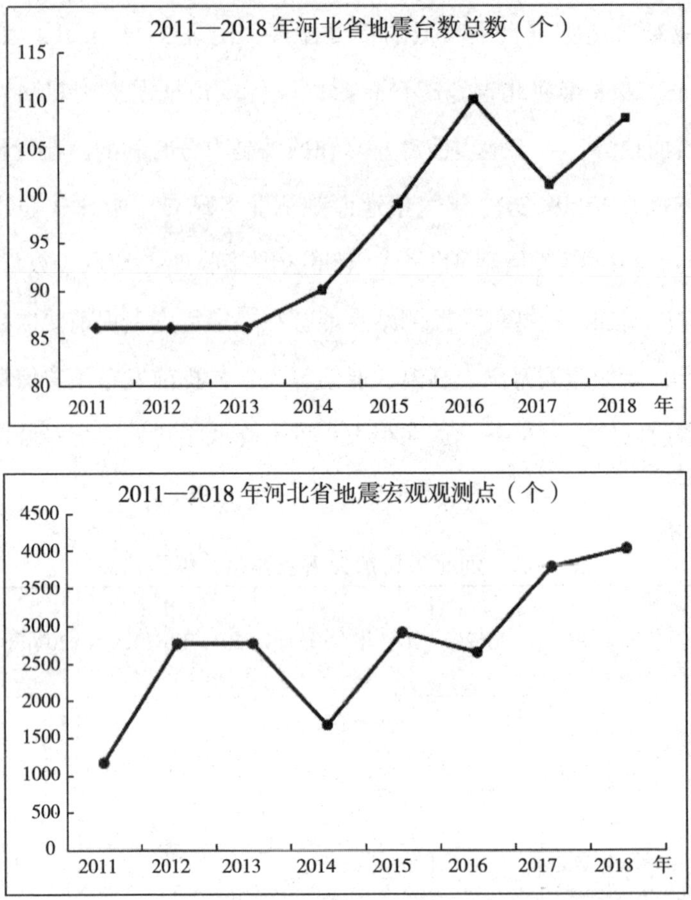

图3-13　2011—2018年河北省地震监测预警设施变化趋势

（3）自然灾害保障能力分析。城市自然灾害应对能力的高低与城市基础设施建设、公共设施建设有着很大的关系。表 3-12 是 2011—2018 年河北省自然灾害保障能力相关数据信息，图 3-14 是各指标的变化趋势。由图 3-14 可以看出，近年来，河北省在水利、环境和公共设施管理方面的投资力度逐年增加，对河北省自然灾害物理抗灾能力的提升具有较大推动作用，同时相关行业就业人员数量也在稳步提升，为相关行业安全管理水平的提升提供了很大保障。2011—2018 年河北省在教育方面的固定资产投资总体呈上升趋势，教育投资的增加有助于进一步推动河北省教育质量的提高，进而提升城市居民的整体素质和安全意识，主动学习自然灾害防控知识，提前做好应对措施。但是，近年来，河北省教育业城镇单位就业人员数量出现下降趋势，对于河北省教育发展有一定的不利影响。

表3–12　河北省自然灾害保障能力信息

指标	2011年	2012年	2013年	2014年	2015年	2016年	2017年	2018年
水利、环境和公共设施管理业城镇单位就业人员（万人）	10.13	11.25	11.49	11.44	11.76	11.87	12.25	12.21
水利、环境和公共设施管理业全社会固定资产投资（亿元）	1396.5	1067.31	1200.21	1496.4	1865.87	2219.21	2705.91	3554.24
教育业城镇单位就业人员（万人）	88.79	89.85	89.73	89.91	89.07	88.1	88.17	87.94
教育全社会固定资产投资（亿元）	149.1	143.3	208.88	206.07	254.56	260.32	325.29	317.76

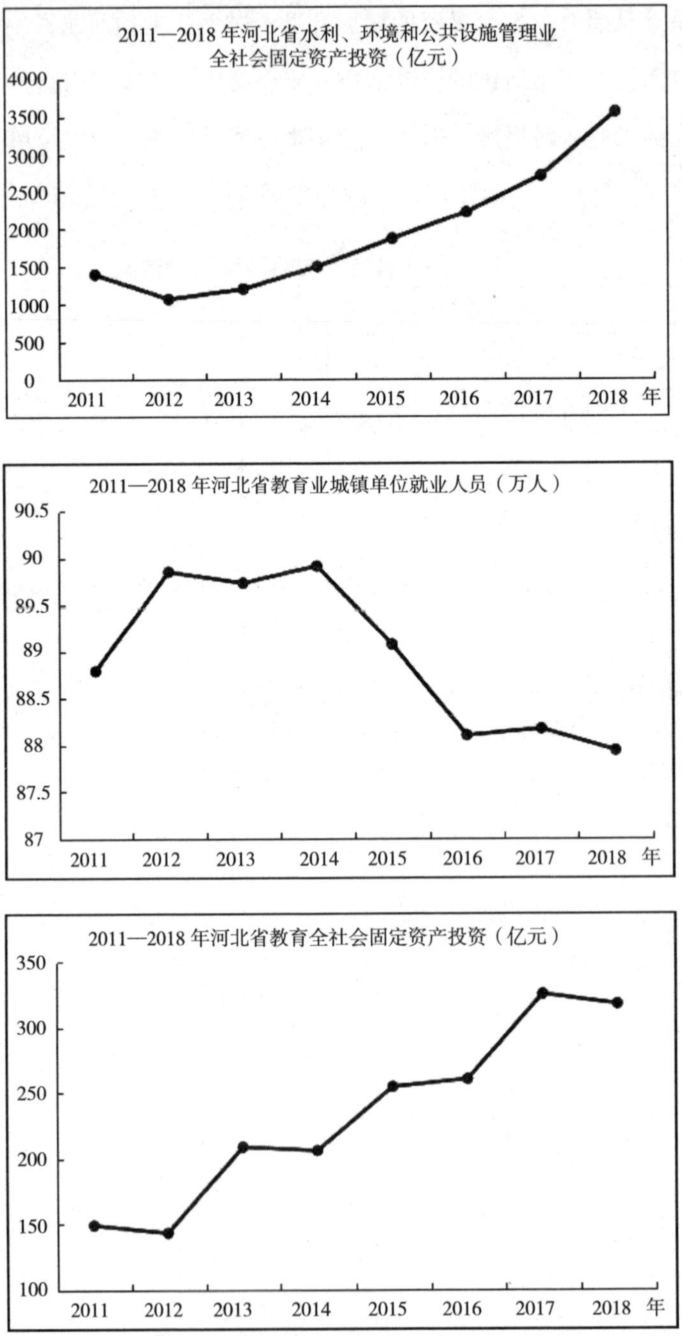

图3-14　2011—2018年河北省自然灾害保障信息变化趋势

由以上分析可以看出，河北省在防控城市自然灾害方面，从基础设施建设、灾害监测预警、灾害教育方面进行了较大投入，整体抗灾能力有较大提升。另外，在自然灾害防控法律法规保障方面，近年来也取得了较多成果，有效规范了河北省自然灾害防灾抗灾环境。在气象灾害方面，先后出台了《中华人民共和国气象法》《气象设施和气象探测环境保护条例》《气象灾害防御条例》《气象探测环境和设施保护办法》《气象灾害预警信号发布与传播办法》《防雷减灾管理办法》《河北省气象灾害防御条例》《河北省暴雪大风寒潮大雾高温灾害防御办法》《河北省气候资源保护和开发利用条例》《河北省暴雨灾害防御办法》《河北省防雷减灾管理办法》《河北省气象探测环境保护办法》《河北省人工影响天气管理规定》等法规、条例，有效地促进了河北省气象灾害监测预警能力的提升；在地震灾害方面，先后出台了《防震减灾示范城市建设规范》《河北省地震监测设施和地震观测环境保护办法》《河北省地震安全性评价管理条例（2017 年修正）》《地震安全性评价管理条例（2019 年修正本）》《河北省防震减灾条例》《破坏性地震应急条例》《地震监测管理条例》《地震预报管理条例》等规范、条例，对于提升河北省地震监测预警能力具有重大意义。

3.2.2　河北省城市社会安全抗灾保障能力

社会安全问题涉及城市的方方面面，需要城市政府部门、社会组织、社会公众共同参与、共同努力。下面从居民经济能力、公共服务支持能力、文化教育支撑能力、生命线支撑能力、信息保障能力、保险保障能力、社会保障能力七个方面分析河北省城市社会安全抗灾保障能力。

（1）居民经济能力分析。居民的经济能力是体现城市社会安全稳定的重要指标之一。表3–13是河北省2011—2019年城市居民经济能力统计数据，图3–15是近9年来河北省城市居民经济能力变化趋势。由图中信息可以看出，2011—2019年河北省城镇居民消费水平不断增长，2011年城镇居民消费水平为15331元，2019年增长到23483元，增长了8000多元；2011—2019年河北省城镇居民人均可支配收入逐年增长，2011年人均可支配收入18292元，2019年增长到35738元，增长了17000多元。可见，近年来，河北省城镇居民生活水平不断提高，这为河北省城市社会安全奠定了较为坚实的经济基础。

表3–13　河北省居民经济能力

指标	2011年	2012年	2013年	2014年	2015年	2016年	2017年	2018年	2019年
城镇居民消费水平（元）	15331	16554	17198	17589	17924	19276	20753	22133	23483
城镇居民人均可支配收入（元）	18292	20543	22227	24141	26152	28249	30548	32997	35738

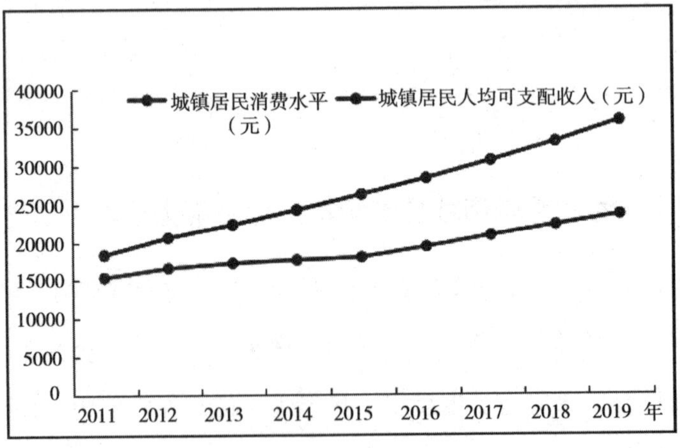

图3–15　2011—2019年河北省居民经济能力变化趋势

（2）公共服务支持能力分析。人民的安居乐业离不开公共服务的强有力支撑，一个城市公共服务能力的提高是提升城市居民幸福感、安全感的必要条件。表 3–14 和表 3–15 分别是河北省相关服务业 2011—2018 年从业人员数量和社会固定资产投资，图 3–16 是其变化趋势。由相关统计数据可以看出，交通运输、仓储和邮政业城镇单位从业人数 2016 年出现了下降，但是总体情况较为稳定；在全社会固定资产投资方面，近年来该行业投资逐年提升。批发和零售业城镇单位从业人数 2016 年出现了下降，但是总体情况较为稳定；在全社会固定资产投资方面，近年来该行业投资总体上趋于上升状态。住宿和餐饮业城镇单位从业人员近年来处于下降趋势，但是下降幅度不大；该行业在固定资产投资上总体上较为稳定。租赁和商务服务业城镇单位从业人员近年来处于上升趋势，在固定资产投资上逐年增加，增加幅度较大，相较 2011 年，2019 年该行业固定资产投资增长到 961.9 亿元，增长了 12 倍多。科学研究和技术服务业城镇单位从业人员及固定资产投资近年来逐年稳定增长。居民服务、修理和其他服务业城镇单位从业人员和固定资产投资近年来都处于较为稳定状态。综上所述，近年来河北省在公共服务方面发展较为稳定，为河北省城市居民生活、工作提供了强有力的支撑，为河北省城市社会安全奠定了坚实的基础。

表3–14　2011—2018年河北省服务业从业人员数量（万人）

指标	2011年	2012年	2013年	2014年	2015年	2016年	2017年	2018年
交通运输、仓储和邮政业城镇单位	24.38	24.3	27.59	28.96	29.18	28.67	24.27	24.58
批发和零售业城镇单位	23.47	26.33	28.86	28.24	27.14	26.88	17.77	18.97
住宿和餐饮业城镇单位	5.27	6.78	6.93	6.27	5.81	5.42	3.36	4.1

续表

指标	2011年	2012年	2013年	2014年	2015年	2016年	2017年	2018年
租赁和商务服务业城镇单位	5.11	5.16	11.49	13.77	13.44	12.61	9.77	10.74
科学研究和技术服务业城镇单位	10	12.53	13.97	14.48	14.81	16.35	14.11	15.93
居民服务、修理和其他服务业城镇单位	2.06	2.16	1.44	1.52	1.7	2.53	2.25	1.96

表3-15 2011—2018年河北省服务业全社会固定资产投资额（亿元）

指标	2011年	2012年	2013年	2014年	2015年	2016年	2017年	2018年
交通运输、仓储和邮政业	1433.06	1543.25	2123.59	2046.49	2077.54	2095.25	2135.45	2605.25
批发和零售业	440.3	658.3	848.73	879.76	971.72	857.76	798.17	917.09
住宿和餐饮业	130.41	214.66	272.95	242.6	221.75	186.14	209.04	191.89
租赁和商务服务业	80.81	210.85	338.96	320.46	416.92	501.06	556.98	961.9
科学研究、技术服务和地质勘查业	73.49	110.44	150.65	207.62	185.65	351.8	426.79	548.85
居民服务和其他服务业	69.3	71.27	56.8	57.72	88.56	94.95	100.18	66.52

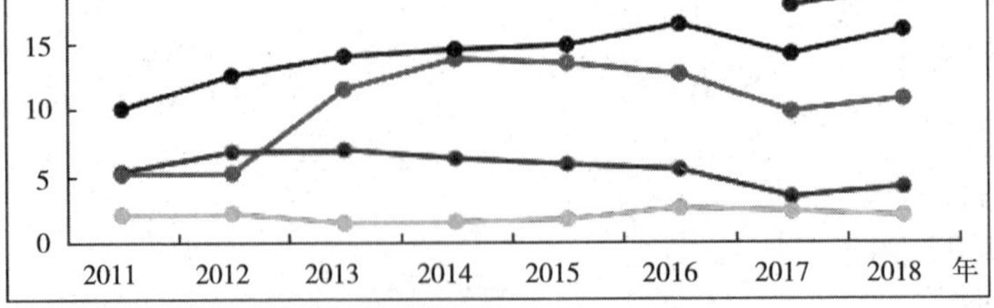

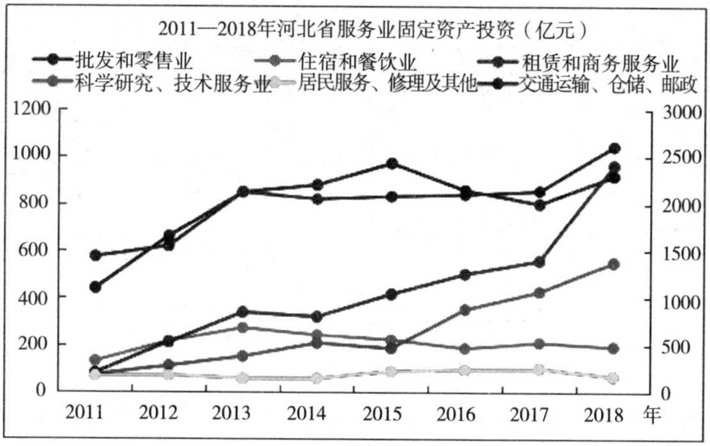

图3-16　2011—2018年河北省公共服务能力变化趋势

（3）文化教育支撑能力分析。城市居民素质的提升、安全意识的提升与全省的教育水平密不可分。由表 3-16 和图 3-17 可以看出，2011—2018 年河北省教育全社会固定资产投资逐年增长，由 2011 年的 143.3 亿元增长到 2018 年的 495.71 亿元，增长额度较大，为河北省城市居民素质和安全意识提升奠定了坚实的基础，成为河北省社会安全的强有力支撑。2011—2018 年河北省文化、体育和娱乐产业全社会固定资产投资处于稳定上升趋势，由 2011 年的 157.81 亿元增长到 2018 年的 572.03 亿元，增长幅度较大。文化、体育和娱乐产业的健康稳定发展在很大程度上丰富了河北省城市居民的业余生活，保障了居民精神上的满足，为河北省社会安全提供了有力保障。

表3-16　2011—2018年河北省文化教育支撑信息

指标	2011年	2012年	2013年	2014年	2015年	2016年	2017年	2018年
教育全社会固定资产投资（亿元）	143.3	208.88	206.07	254.56	260.32	325.29	317.76	495.71
文化、体育和娱乐业全社会固定资产投资（亿元）	157.81	213.8	342.92	362.84	461.53	461.7	511.2	572.03

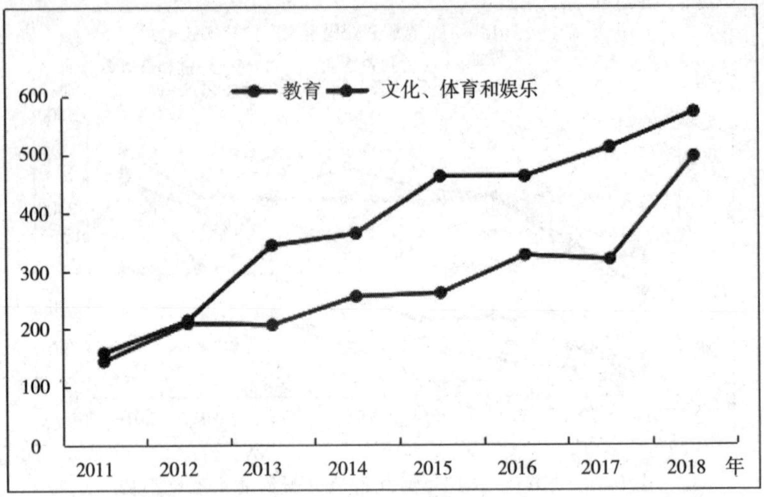

图3-17 2011—2018年河北省教育投资变化趋势

（4）生命线支撑能力分析。城市生命线工程是城市居民生活的基础保障，也是十分重要的保障工程，与城市居民的日常生活需要息息相关。表 3-17 是河北省 2011—2018 年城市生命线工程的相关统计数据，图 3-18 是其变化趋势。由统计数据可以看出，近年来河北省电力、热力、燃气及水生产和供应产业城镇单位就业人员整体上趋于下降，但是下降幅度不大；在固定资产投资上，近年来投资力度不断增加，由 2011 年的 716.97 亿元增长到 2018 年的 2173.37 亿元，增长近 3 倍。2011—2018 年河北省供热面积总体上处于上升趋势，由 2011 年的 4.2 亿平方米上升到 2019 年的 8.32 亿立方米，增长近 2 倍；城市用水普及率总体上接近 100%，普及率很高；城市燃气普及率也接近 100%，普及率很高。总体上看，河北省生命线工程具有较高的稳定性，有效保障了河北省城市居民的生活稳定。

表3-17　2011—2018年河北省生命线统计信息

指标	2011年	2012年	2013年	2014年	2015年	2016年	2017年	2018年
电力、热力、燃气及水生产和供应业城镇单位就业人员（万人）	20.21	21.25	19.62	19.21	18.71	18.79	17.86	17.84
电力、燃气及水的生产和供应业全社会固定资产投资（亿元）	716.97	713.37	785.78	1030.25	1528.69	1889.78	1919.94	2173.37
供热面积（亿平方米）	4.2	4.47	5.02	5.23	5.88	6.81	7.45	8.32
城市用水普及率（%）	100	99.96	99.85	99.29	99.56	99.52	99.05	99.7
城市燃气普及率（%）	99.86	99.79	98.35	94.26	98.81	98.88	98.78	99.28

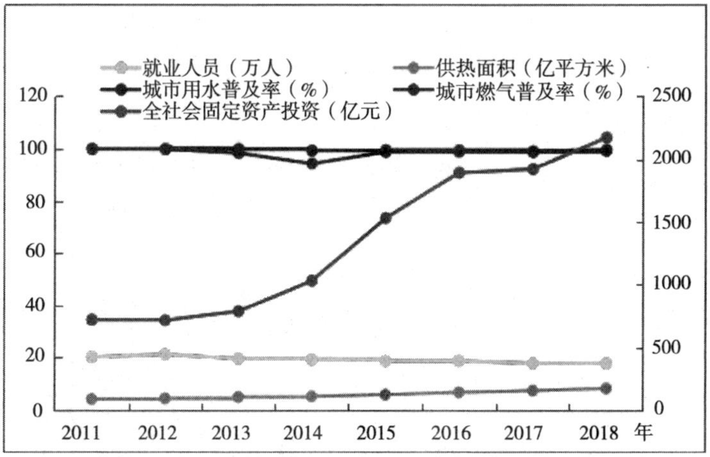

图3-18　2011—2018年河北省生命线能力变化趋势

（5）信息保障能力分析。信息是城市居民交际、沟通的桥梁，为城市居民生活、工作提供了便利。由表 3-18 和图 3-19 可以看出，2011—2018 年河北省信息传输、软件和信息技术服务产业城镇单位就业人员处于上升趋势，信息传输、计算机服务和软件产业全社会固定资产投资稳定增长，为河北省信息产业的发展提供了强有力的支撑。2011—2018 年河北省电话普及率、移动电话普及率逐年增长；城市宽带接入用户处于增长趋势；广播节目综合人口覆盖率接近 100%，覆盖范围广。信息保障不仅增强了城市居民的交际、沟通效率，还能够有效传播社会安全方面的信息、防范知识、应对措施等，对于提升河北省城市居民安全意识和社会安全应对能力具有重要意义。

表3–18　2011—2018年河北省信息保障统计信息

指标	2011年	2012年	2013年	2014年	2015年	2016年	2017年	2018年
信息传输、软件和信息技术服务业城镇单位就业人员（万人）	5.86	6.5	8.63	8.56	8.85	8.42	7.53	8.38
信息传输、计算机服务和软件业全社会固定资产投资（亿元）	78.64	88.8	115.63	133.47	147.17	239.1	327.38	313.3
电话普及率（包括移动电话）（部/百人）	88.09	92.8	97.63	99.06	95.81	106.72	110.99	117.7
移动电话普及率（部/百人）	100.83	95.33	82.63	84.36	81.91	76.1	70.82	61.89
城市宽带接入用户（万户）	631.5	741.3	601.1	704.9	890.8	1040	1189.1	1302.2
广播节目综合人口覆盖率（%）	99.4	99.4	99.3	99.3	99.3	99.3	99.3	99.3

2011—2018 年河北省信息传输、软件和信息技术服务业
从业人员（万人）
9.5
9
8.5
8
7.5
7
6.5
6
5.5
5
2011
2012
2013
2014
2015
2016
2017
2018
年

2011—2018年河北省信息传输、计算机和软件业全社会固
定资产投资（亿元）
350
300
250
200
150
100
50
0
2011
2012
2013
2014
2015
2016
2017
2018
年

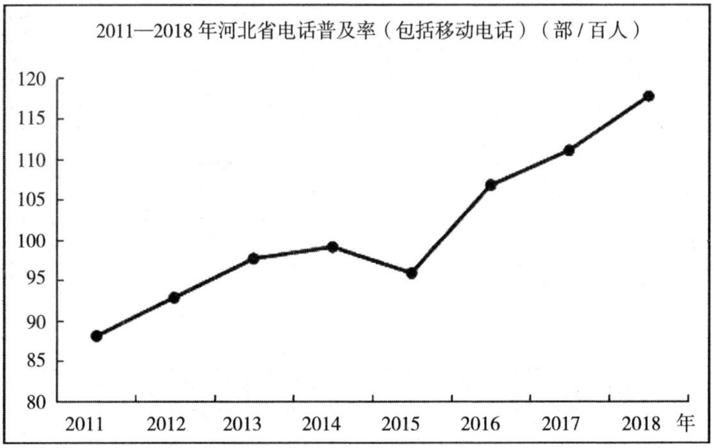
2011—2018 年河北省电话普及率（包括移动电话）（部 / 百人）
120
115
110
105
100
95
90
85
80
2011
2012
2013
2014
2015
2016
2017
2018
年

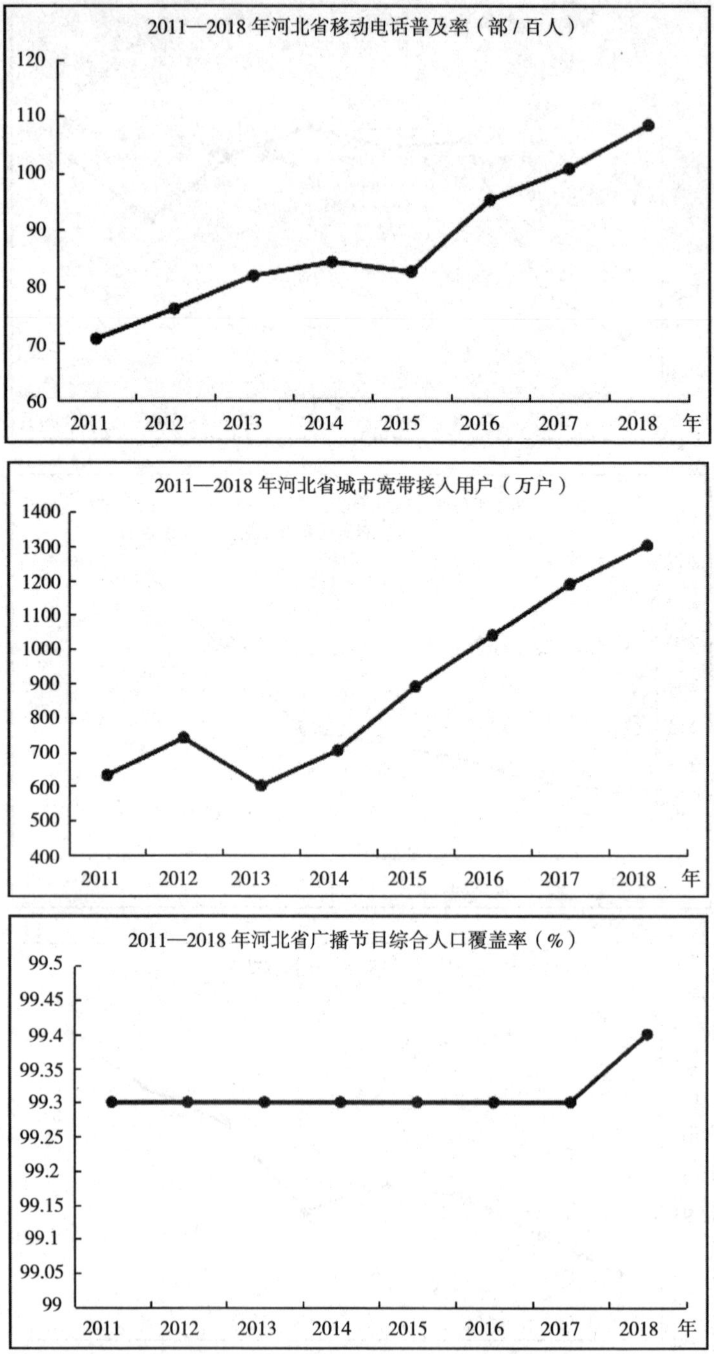

图3-19　2011—2018年河北省信息保障指标变化趋势

（6）保险保障能力分析。保险是城市居民生产和生活的有效保障，能够在一定程度上有效降低意外事件造成的损失，保障城市居民的经济、财产安全和生活稳定。由表 3-19 和图 3-20 可以看出，2011—2018 年河北省城镇居民参加养老保险人数、参加失业保险人数、参加医疗保险人数、参加工伤保险人数、参加生育保险人数处于稳定上升趋势。河北省城市居民保险意识的上升和参保人数的增加对于河北省城市社会安全稳定具有重要的意义，因为一旦发生风险事件，受到损失的城市居民能够获得相应的保险补偿，这在一定程度上降低了经济损失，缓解了经济压力。

表3-19　2011—2018年河北省城镇居民参保情况

指标	2011年	2012年	2013年	2014年	2015年	2016年	2017年	2018年
城镇职工参加养老保险人数（万人）	1059.81	1125.62	1194.67	1261.95	1320.48	1403.14	1535.81	1586.06
参加失业保险人数（万人）	498.7	501.75	505.01	508.73	510.98	515.89	529.72	546
城镇基本医疗保险年末参保人数（万人）	1562.2	1644.4	1674.5	1697.5	1663.7	6672.1	6883.1	6914.3
城镇职工基本医疗保险年末参保人数（万人）	875.5	906.8	926.3	944.5	957	973.7	986.9	1030.2
工伤保险年末参保人数（万人）	640.39	694.81	737.04	778.67	809.72	840.04	860.66	880.34
年末参加生育保险人数（万人）	593.1	634.78	667.58	684.02	712.96	710.34	737.82	774.2

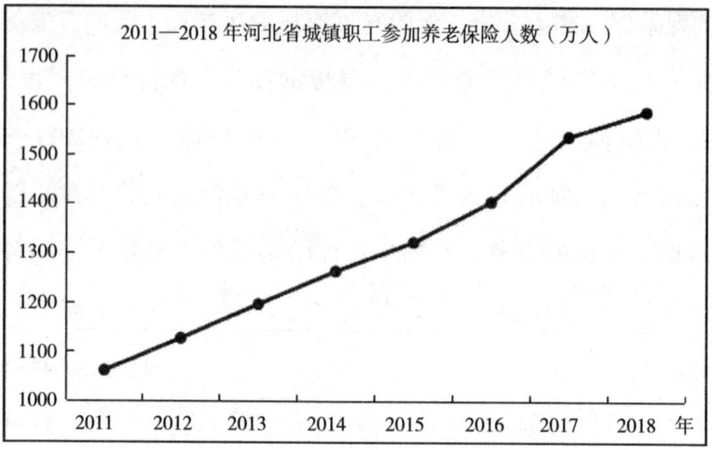
2011—2018 年河北省城镇职工参加养老保险人数（万人）
1700
1600
1500
1400
1300
1200
1100
1000
2011
2012
2013
2014
2015
2016
2017
2018
年

2011—2018 年河北省参加失业保险人数（万人）
550
540
530
520
510
500
490
480
470
2011
2012
2013
2014
2015
2016
2017
2018
年

2011—2018 年河北省城镇基本医疗保险年末参保人数（万人）
8000
7000
6000
5000
4000
3000
2000
1000
0
2011
2012
2013
2014
2015
2016
2017
2018
年

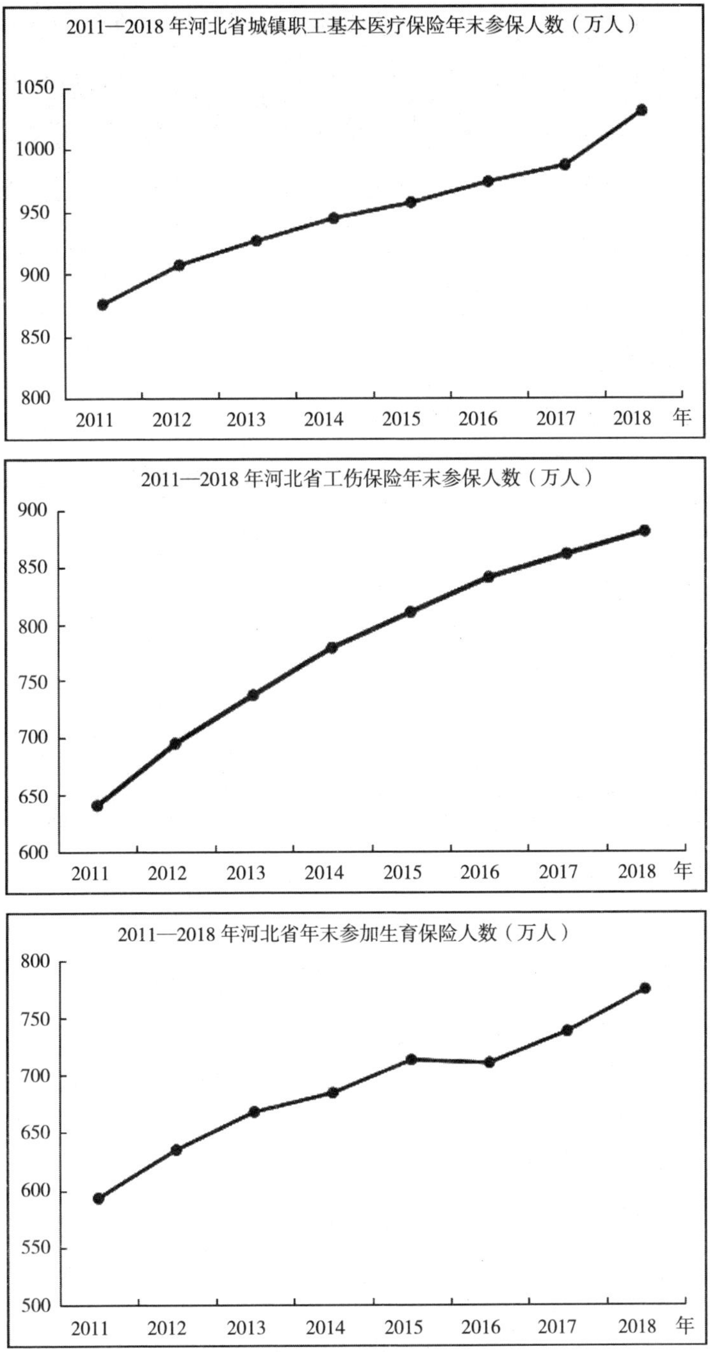

图3-20　2011—2018年河北省各类保险参保人数变化趋势

（7）社会保障能力分析。城市的社会安全与每一名城市居民息息相关，更离不开政府、社会组织的大力支持。表 3-20 和图 3-21 分别是 2011—2018 年河北省城市社会保障情况及其变化趋势。由相关统计信息可以看出，2011—2018 年河北省水利、环境和公共设施管理业就业人员数量、固定资产投资额度逐年增加；公共管理、社会保障和社会组织城镇单位就业人员数量、固定资产投资额度逐年增长；城市居民最低生活保障人数下降明显，由 2011 年的 77.3 万人下降到 2018 年的 14.8 万人；城镇登记失业率总体趋于下降态势，由 2011 年的 3.8% 下降到 2018 年的 3.3%。另外，由表 3-20 中社会组织单位数量变化情况可以看出，近年来河北省社会组织单位数量处于增长态势，社会组织的增加对于河北省城市社会安全具有较大的推动作用，因为社会组织在当前城市安全管理中扮演着重要的角色，在安全监督、社会救援方面发挥着越来越重要的作用。

表3-20　2011—2018年河北省社会保障情况

指标	2011年	2012年	2013年	2014年	2015年	2016年	2017年	2018年
水利、环境和公共设施管理业城镇单位就业人员（万人）	10.13	11.25	11.49	11.44	11.76	11.87	12.25	12.21
公共管理、社会保障和社会组织城镇单位就业人员（万人）	81	83.79	85.39	86.35	86.33	87.59	88.69	91.38
水利、环境和公共设施管理业固定资产投资（不含农户）（亿元）	1067.31	1200.21	1496.4	1865.87	2219.21	2705.91	3554.24	3436.95

续表

指标	2011年	2012年	2013年	2014年	2015年	2016年	2017年	2018年
公共管理和社会组织固定资产投资（不含农户）（亿元）	107.82	156.71	196.79	184.11	106.78	188.92	210.52	305.25
城市居民最低生活保障人数（万人）	77.3	72.8	62.5	55	47.6	35.5	23.7	14.8
城镇登记失业率（%）	3.8	3.7	3.7	3.6	3.6	3.7	3.7	3.3
社会组织单位数（个）	15823	16534	16530	17642	19328	20916	21928	26427

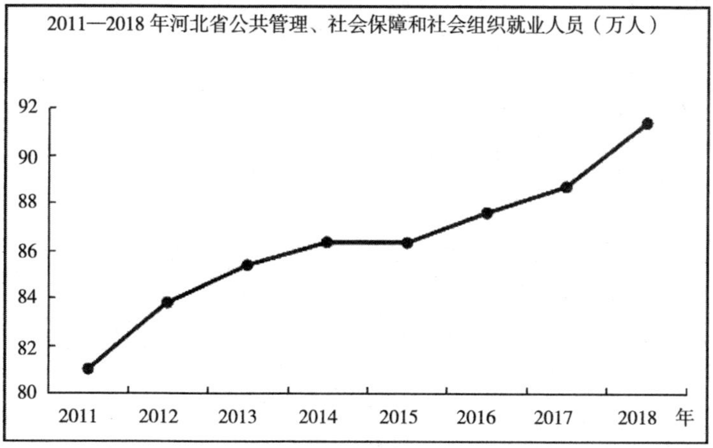

2011—2018 年河北省水利、环境和公共设施管理业固定资产投资（亿元）
4000
3500
3000
2500
2000
1500
1000
500
0
2011
2012
2013
2014
2015
2016
2017
2018
年

2011—2018 年河北省公共管理和社会组织固定资产投资（亿元）
350
300
250
200
150
100
50
0
2011
2012
2013
2014
2015
2016
2017
2018
年

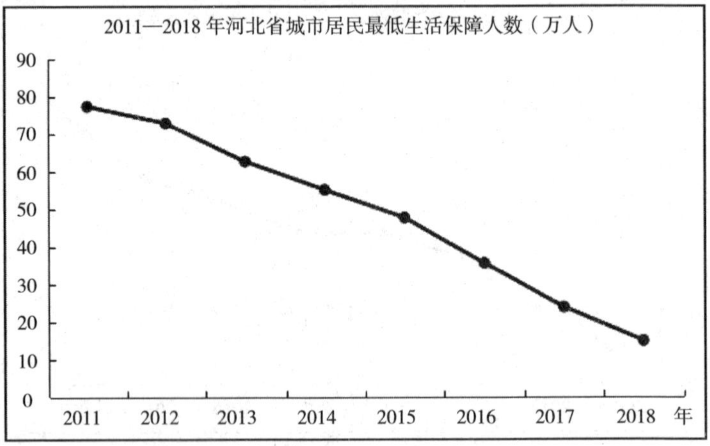
2011—2018 年河北省城市居民最低生活保障人数（万人）
90
80
70
60
50
40
30
20
10
0
2011
2012
2013
2014
2015
2016
2017
2018
年

图3-21　2011—2018年河北省社会保障指标变化趋势

通过上述分析可以看出，河北省城市社会安全形势总体上处于稳定状态，在居民经济能力、公共服务能力、文化教育支撑、生命线支撑、信息保障、保险保障、社会保障方面都取得了较大成果。但是，城市社会安全需要城市居民全员参与，共同维护，因此，河北省要做到城市社会安全长期稳定，需要继续结合本省城市社会安全特点，分析城市社会安全治理过程中存在的问题和短板，并及时予以解决。

3.2.3　河北省城市公共卫生灾害抗灾保障能力

城市公共卫生事件的发生与公众卫生习惯与卫生意识、城市公共卫生监管体系与流程、城市公共卫生保障体系有着紧密的联系。下面从河北省城市生态环境保障能力、城市市容环境保障能力、城市医疗环境保障能力三个方面，系统分析河北省城市的公共卫生事件综合抗灾保障能力。

（1）生态环境保障能力分析。生态环境是城市公共卫生安全的有效保障条件之一，良好的生态环境能够为城市居民提供优质的生活保障，进而促进城市公共卫生向着有利方向发展。表 3-21 和图 3-22 分别是 2011—

2018年河北省城市生态环境相关情况及变化趋势。由统计数据可以看出，河北省城市绿地面积逐年稳定增长，由2011年的7.11万公顷增长到2019年的9.14万公顷。在人均公园绿地面积上，近几年不断出现波动状态，时有升降，这与河北省城市人口变动有一定的关系。不过从总体上来看，河北省人均公园绿地面积基本上处于稳定状况。在森林覆盖率上，河北省近年来处于较为稳定的态势，2018年出现了较快的增长。在草原面积上，近几年河北省处于较为稳定的态势，没有出现较大幅度的升降。

表3-21　2011—2018年河北省生态环境情况

指标	2011年	2012年	2013年	2014年	2015年	2016年	2017年	2018年
城市绿地面积（万公顷）	7.11	7.35	7.6	7.94	8.13	8.54	8.83	9.14
人均公园绿地面积（平方米/人）	14.26	14	14.05	14.45	14.18	14.31	14.52	14.23
森林覆盖率（%）	23.4	23.4	23.4	23.4	23.4	23.4	23.4	26.8
草原总面积（千公顷）	4712.14	4712.14	4712.14	4712.14	4712.14	4712	4712.14	4712.14

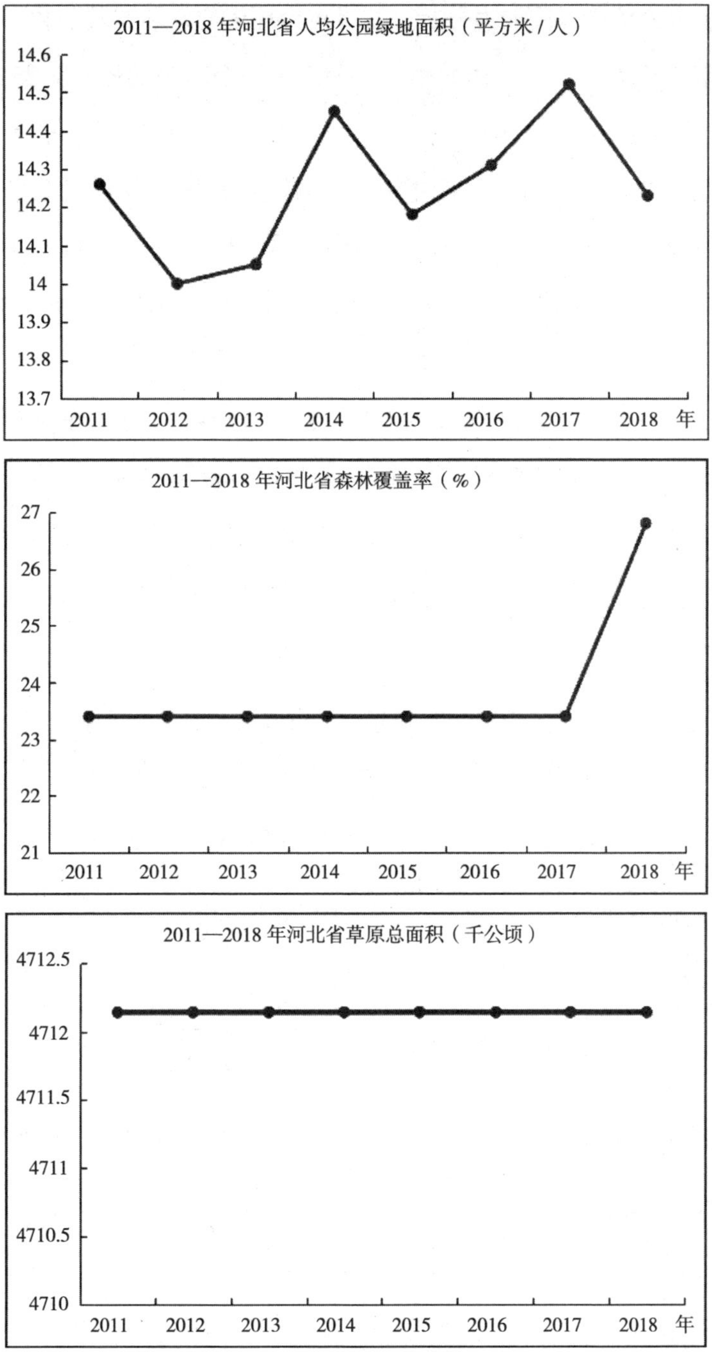

图3-22　2011—2018年河北省生态环境指标变化趋势

（2）市容环境保障能力分析。城市市容环境的好坏与其公共卫生安全水平有着直接关系，也在很大程度上展现出一个城市的形象。表 3-22 和图 3-23 分别是 2011—2018 年河北省城市市容环境情况及各指标变化趋势。由统计数据可以看出，近年来河北省城市建成区绿化覆盖率有一定程度的下降，由 2011 年的 42.1% 下降到 2018 年的 41.6%。城市污水日处理能力整体处于上升趋势，由 2011 年的 526.8 万立方米上升到 2018 年的 633.1 万立方米。道路清扫保洁面积近年来处于稳定上升趋势，由 2011 年的 21557 万平方米上升到 2018 年的 34756 万平方米。市容环卫专用车辆设备近年来增加台数比较多，由 2011 年的 3556 台增加到 2018 年的 10763 台，增长近 3 倍。生活垃圾无害化处理率增长态势明显，由 2011 年的 72.6% 增长到 2018 年的 99.8%。每万人拥有的公共厕所数量出现了下降趋势，这对于河北省城市公共卫生产生了不利影响。

表3-22　2011—2018年河北省城市市容环境情况

指标	2011年	2012年	2013年	2014年	2015年	2016年	2017年	2018年
建成区绿化覆盖率（%）	42.1	41	41.2	41.9	41.2	40.8	41.8	41.6
城市污水日处理能力（万立方米）	526.8	522.8	516.8	523.2	564.4	607	587.3	633.1
道路清扫保洁面积（万平方米）	21557	23128	24614	24549	26358	29921	30452	34756
市容环卫专用车辆设备（台）	3556	3889	4331	4820	5493	6928	9329	10763
生活垃圾无害化处理率（%）	72.6	81.4	83.3	86.6	96	97.8	99.8	99.8
每万人拥有公共厕所（座）	4.23	4.18	4.07	3.92	3.72	3.15	2.95	3.18

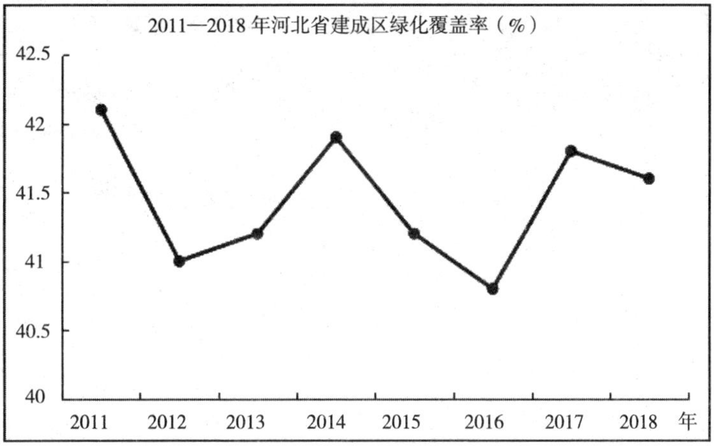
2011—2018 年河北省建成区绿化覆盖率（%）
42.5
42
41.5
41
40.5
40
2011
2012
2013
2014
2015
2016
2017
2018
年

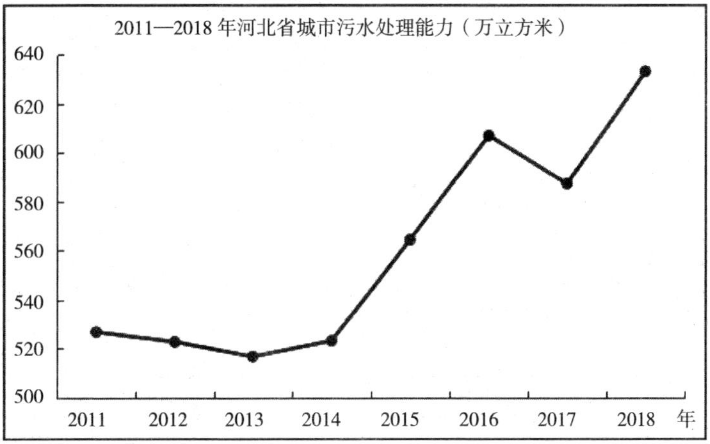
2011—2018 年河北省城市污水处理能力（万立方米）
640
620
600
580
560
540
520
500
2011
2012
2013
2014
2015
2016
2017
2018
年

2011—2018 年河北省道路清扫保洁面积（万平方米）
36000
34000
32000
30000
28000
26000
24000
22000
20000
2011
2012
2013
2014
2015
2016
2017
2018
年

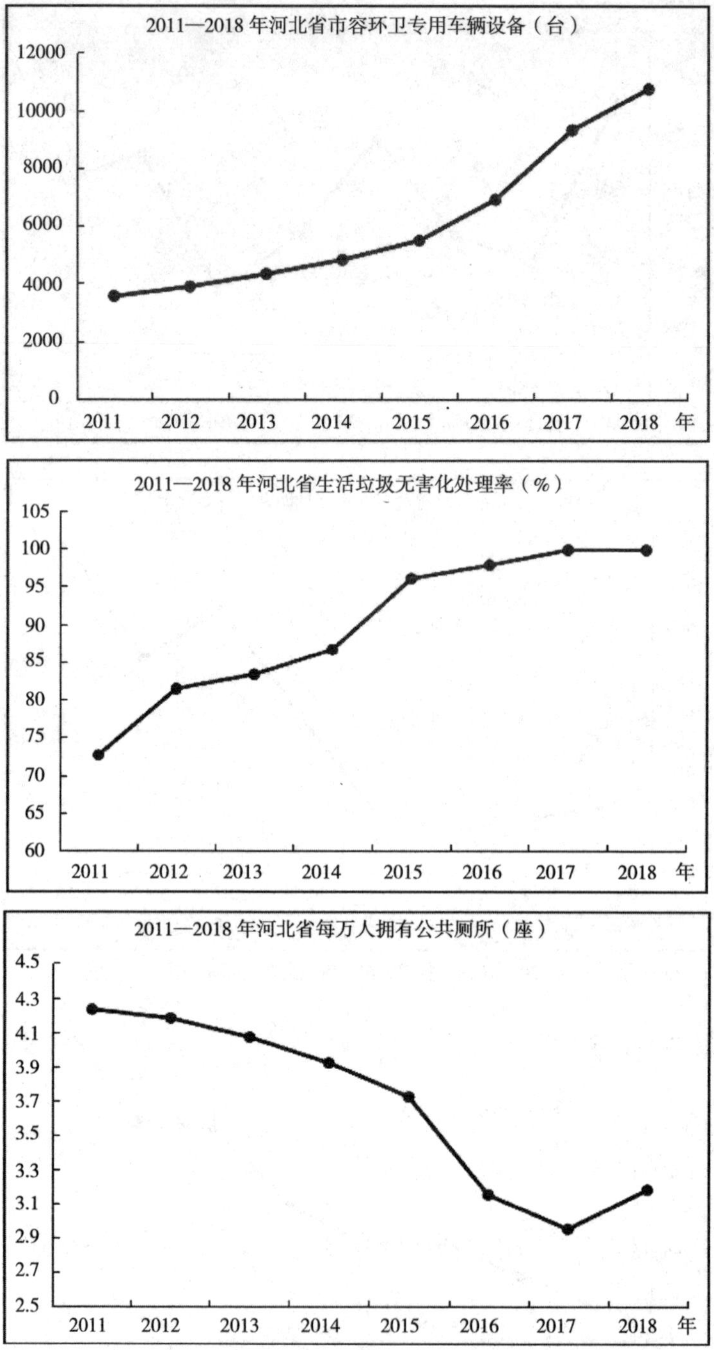

图3-23　2011—2018年河北省城市市容环境指标变化趋势

（3）医疗环境保障能力分析。医疗环境状况是城市公共卫生强有力的保障，在很大程度上体现了一个城市的公共卫生水平和应对能力。表 3-23 和图 3-24 分别是河北省城市医疗环境状况及各指标变化趋势。由统计数据可以看出，2011—2018 年河北省卫生和社会工作城镇单位就业人员逐年增加，为河北省医疗卫生发展注入了血液和能量。河北省政府部门重视城市医疗卫生建设，近年来，在卫生、社会保障和社会福利业的固定资产投资逐年上升，由 2011 年的 91.03 亿元增加到 2018 年的 520.42 亿元，增长了 5 倍多。2011—2018 年河北省医疗卫生机构数整体上处于上升趋势，为解决城市居民就医提供了有效保障。近年来河北省每万人拥有卫生技术人员数处于稳定上升趋势，对于提升河北省城市居民就医质量十分有利。在城市每万人医疗机构床位数方面，2011—2014 年处于上升趋势，但 2014—2018 年出现了明显的下降，2018 年河北省城市每万人医疗机构床位数甚至低于 2011 年，这对于河北省医疗卫生是十分不利的。在社区卫生服务中心（站）数量方面，近年来整体上处于上升态势，为河北省城市社区居民就医提供了便利，同时能够有效缓解其他医院的工作压力。

表3-23　2011—2018年河北省城市医疗环境情况

指标	2011年	2012年	2013年	2014年	2015年	2016年	2017年	2018年
卫生和社会工作城镇单位就业人员（万人）	30.01	32.23	33.7	35.45	36.45	37.74	39.21	39.61
卫生、社会保障和社会福利业固定资产投资（不含农户）（亿元）	91.03	111.8	149.62	231.67	261.45	316.42	334.89	520.42
医疗卫生机构数（个）	80185	79119	78485	78895	78594	78795	80912	85088

续表

指标	2011年	2012年	2013年	2014年	2015年	2016年	2017年	2018年
每万人拥有卫生技术人员数（人）	41	43	44	48	50	53	57	61
城市每万人医疗机构床位数（张）	77.85	82.63	87.17	92.08	84.16	80.4	77.99	75.3
社区卫生服务中心（站）数（个）	1119	1130	1115	1169	1188	1197	1274	1385

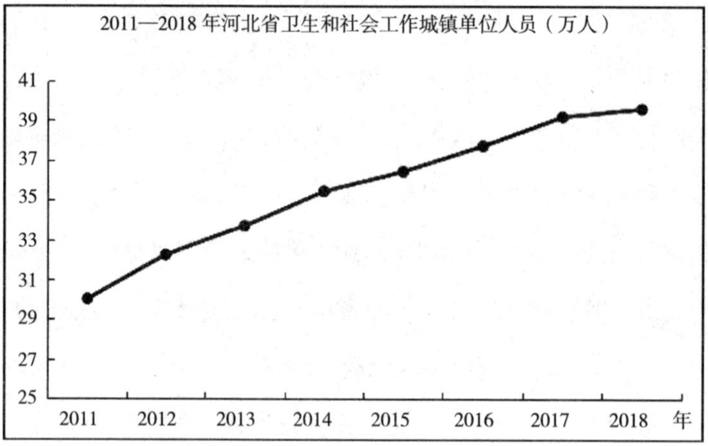

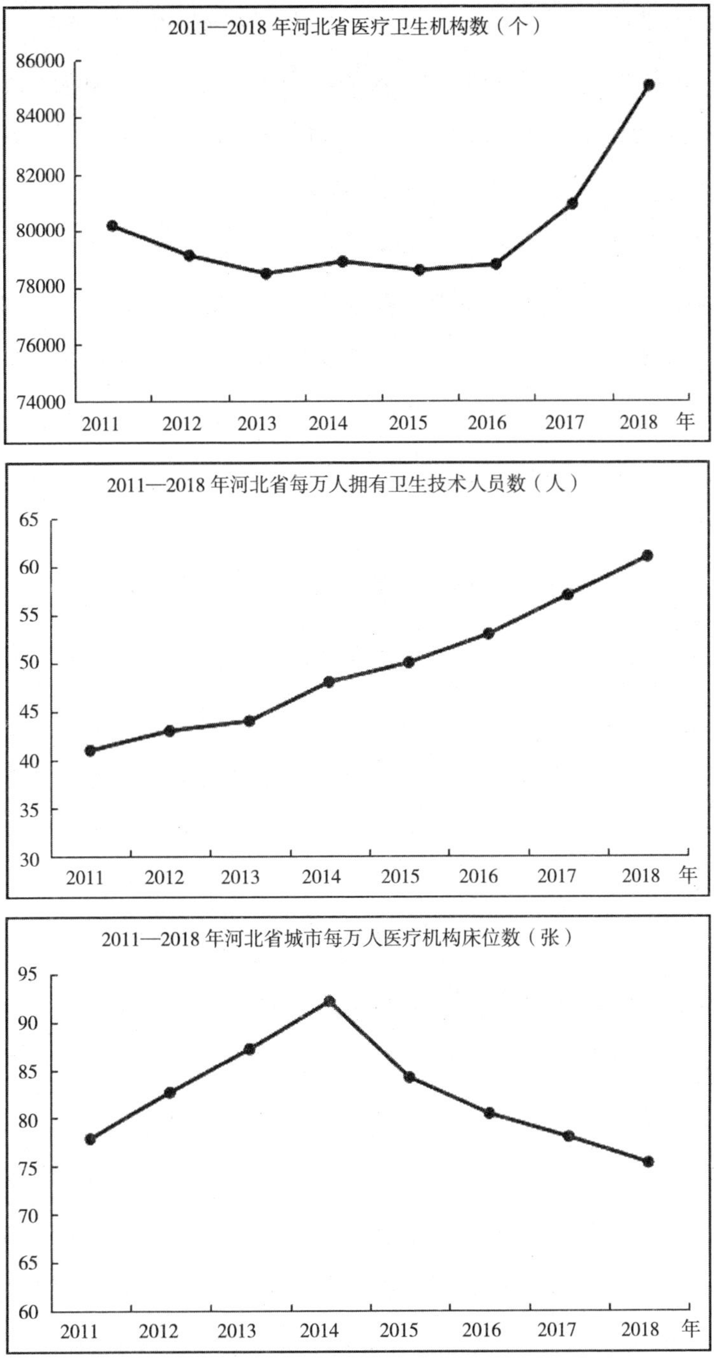

图3-24　2011—2018年河北省城市医疗环境指标变化趋势

从整体上看，河北省城市公共卫生安全较为稳定，在城市生态环境、市容环境以及医疗环境方面有着较强的支撑能力。另外，在城市公共卫生防控法律法规保障方面，近年来也取得了较多成果，有效提升了河北省公共卫生防控能力。在公共卫生方面，相关部门先后出台了《中华人民共和国食品安全法实施条例》《河北省职业健康检查机构备案管理办法》《河北省医疗机构管理实施办法》《河北省突发公共卫生事件应急实施办法》《突发公共卫生事件与传染病疫情监测信息报告管理办法》《传染性非典型肺炎防治管理办法》《河北省生活饮用水卫生监督管理办法》等，为河北省公共卫生安全营造了良好的法治环境。

3.2.4 河北省城市事故灾难抗灾保障能力

城市事故灾难的发生往往会造成较大的经济损失和人员伤亡，而城市面临的事故灾难方面的风险也是非常大的。城市工业生产事故、城市建筑火灾事故、城市燃气火灾事故、城市道路交通事故等，都会造成较为严重的后果。下面将从第二产业抗灾保障能力、交通安全抗灾保障能力以及文化教育保障能力三个方面综合分析河北省城市事故灾难抗灾保障能力水平。

（1）第二产业抗灾保障能力分析。由河北省历年事故统计分析结果可以看出，第二产业发生事故灾难的比例非常高。表 3–24 和图 3–25 分别是 2011—2018 年河北省第二产业相关情况及各指标变化趋势。由统计数据可以看出，2011—2108 年河北省第二产业法人单位数、规模以上工业企业单位数处于上升趋势，在一定程度上增加了河北省城市的安全管理难度。2011—2108 年河北省勘察设计机构单位数、勘察设计机构年底职工人数总体上处于上升趋势，对于相关产业安全发展具有一定的推动作用。2011—

2108 年河北省建设工程监理企业单位数变化较大，对于工程安全有一定的影响，但是建设工程监理企业从业人数近年来稳定增长，对于建设工程安全有一定的促进作用。

表3-24　2011—2018年河北省第二产业情况

指标	2011年	2012年	2013年	2014年	2015年	2016年	2017年	2018年
第二产业法人单位数（个）	109035	115236	115349	135975	158127	198384	290623	315838
规模以上工业企业单位数（个）	11570	12360	13968	14792	15295	14764	14790	14943
勘察设计机构单位数（个）	571	611	612	606	601	642	709	714
勘察设计机构年底职工人数（人）	45273	49926	50016	50555	160890	184223	188836	186568
建设工程监理企业单位数（个）	321	312	314	319	317	306	305	321
建设工程监理企业从业人数（人）	28165	28247	29877	30957	30426	31624	31959	33473

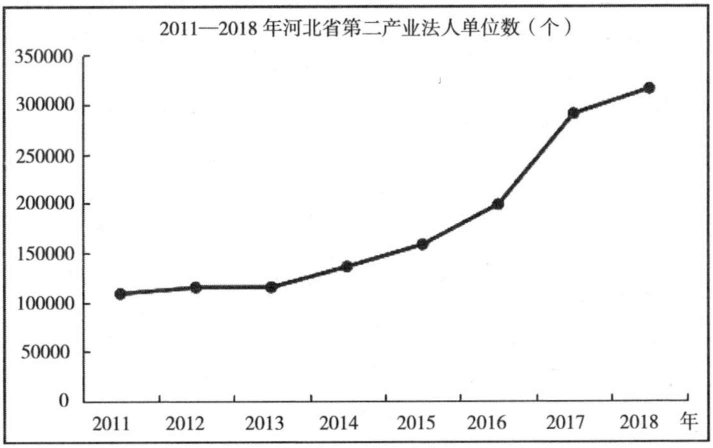

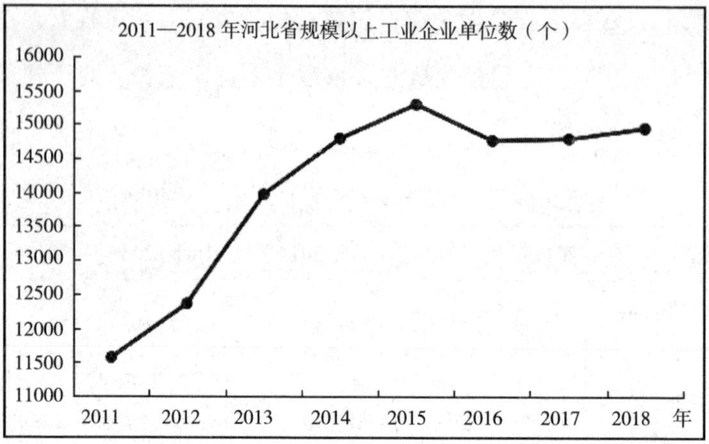

2011—2018 年河北省规模以上工业企业单位数（个）

2011—2018 年河北省勘察设计机构单位数（个）

2011—2018 年河北省勘察设计机构年底职工人数（人）

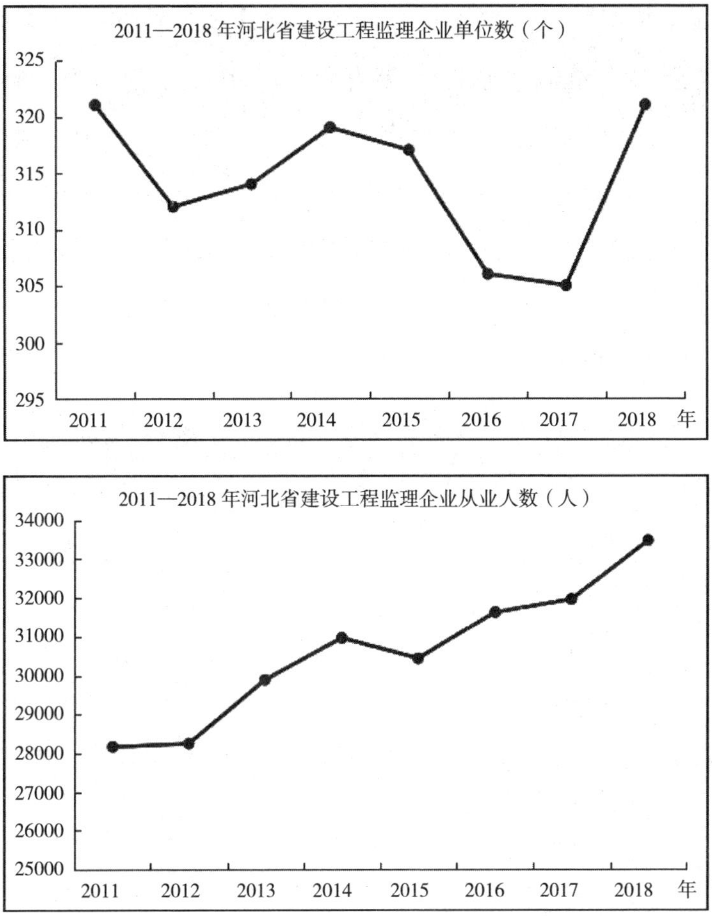

图3-25　2011—2018年河北省第二产业指标变化趋势

（2）交通安全抗灾保障能力分析。交通安全事故是城市多发事故，随着城市化进程不断加快、城市人口数量增多、城市私家车数量不断增加，城市交通安全形势日益严峻。表 3-25 和图 3-26 分别是 2011—2018 年河北省城市交通保障情况及各指标变化趋势。由统计数据可以看出，2011—2018 年河北省城市民用汽车拥有量增长很快，由 2011 年的 607.19 万辆增长到 2018 年的 1529.98 万辆，增长了 2 倍多，这在一定程度上增加了河北省城市交通的安全管理难度。2011—2018 年河北省人均城市道路面积总体上处于增长态势，由 2011 年的 17.84 平方米增长到 2018 年的 19.76 平方米，这对河北省城市交通安全是有利的。2011—2018 年河北省每万人拥有公共交通车辆数量整体上处于增长态势，由 2011 年的 10.44 标台增长到 2018 年的 14.62 标台，城市公共交通车辆的增加对于城市交通安全是有利的。2011—2018 年河北省城市道路照明灯数量总体上处于增长态势，由 2011 年的 664335 盏增长到 2018 年的 1020659 盏，增长幅度较大，对于河北省夜间交通安全是十分有利的。

表3-25　2011—2018年河北省城市交通保障情况

指标	2011年	2012年	2013年	2014年	2015年	2016年	2017年	2018年
民用汽车拥有量（万辆）	607.19	728.51	816.29	930.08	1075.03	1245.89	1387.21	1529.98
人均城市道路面积（平方米）	17.84	17.84	18.22	18.49	18.65	18.91	18.88	19.76
每万人拥有公共交通车辆（标台）	10.44	11.29	12.62	11.34	12.94	13.68	15.34	14.62
城市道路照明灯（盏）	664335	646138	672745	624580	660167	753147	935027	1020659

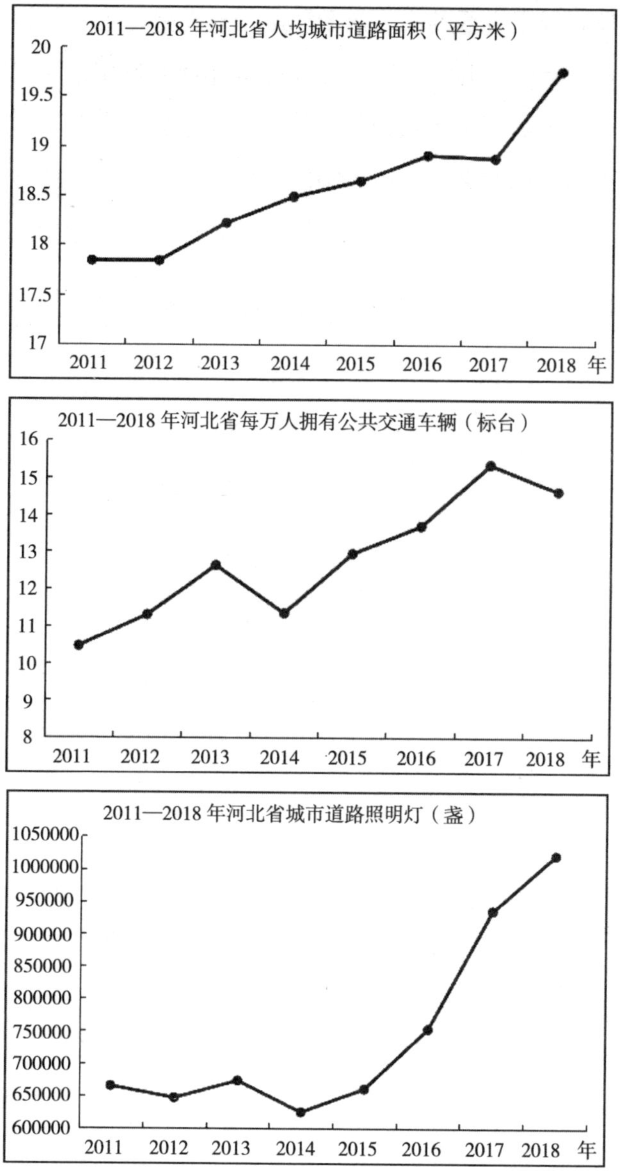

图3-26　2011—2018年河北省城市交通安全指标变化趋势

（3）文化教育保障能力分析。文化教育对于提升城市居民安全素质和安全意识是十分重要的。表 3-26 和图 3-27 分别是 2011—2018 年河北省城市文化教育情况及各指标变化趋势。由统计数据可以看出，2011—2018

年河北省在教育经费方面的投入处于稳定增长态势，这对于提升城市公民素质和安全意识具有重要意义。2011—2018 年河北省城市居民博物馆参观人次、人均拥有公共图书馆藏量处于稳定上升趋势，这对于提升城市居民安全素质具有一定的意义。2011—2018 年河北省广播节目综合人口覆盖率整体上处于上升趋势，有利于提高河北省城市安全知识的传播效率。

表3-26　2011—2018年河北省文化教育保障情况

指标	教育经费（万元）	博物馆参观人次（万人次）	人均拥有公共图书馆藏量（册/人）	广播节目综合人口覆盖率（%）
2011年	8447882	1446.93	0.24	99.3
2012年	10304955	1666.77	0.27	99.3
2013年	10298143	2480	0.26	99.3
2014年	10861672	2494.05	0.29	99.3
2015年	12861641	2645.6	0.3	99.3
2016年	14203834	2723.87	0.31	99.4
2017年	15938479	2991.49	0.34	99.4
2018年	17389600	3289.21	0.36	99.4

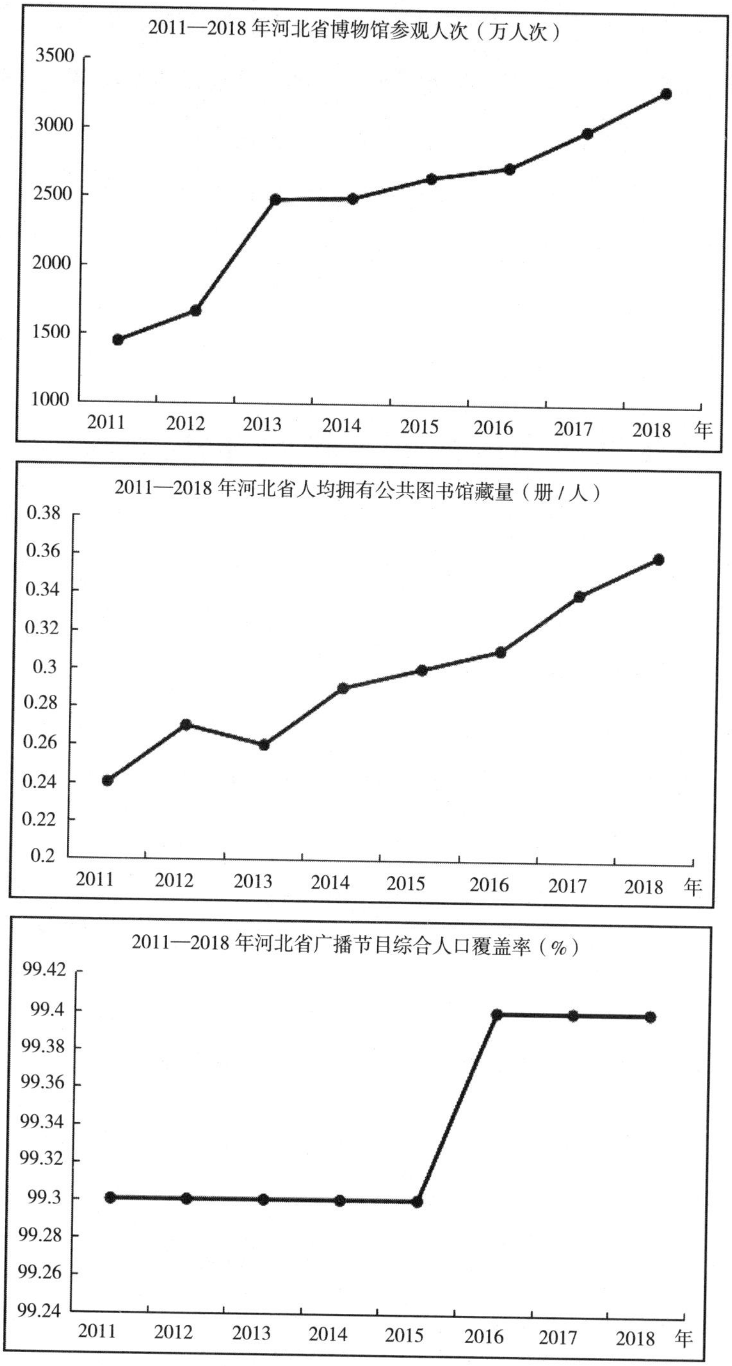

图3-27　2011—2018年河北省城市文化教育指标变化趋势

从总体上看，近年来河北省城市事故灾难防控工作成果明显，但是河北省作为工业大省，生产安全形势不容乐观，尤其在面临环保压力和产业结构调整升级的大趋势下，河北省工业企业面临着较大的压力，这些压力对于工业企业的生产安全存在一定程度的威胁，因此，进一步提升生产安全保障能力是政府和企业共同努力的方向。

3.3 河北省城市居民安全感调查分析

为进一步了解河北省城市安全状况，采用调查问卷的形式随机调查了河北省 11 个城市（包括石家庄、保定、衡水、沧州、廊坊、秦皇岛、唐山、张家口、承德、邢台、邯郸）200 名城市居民，分析河北省城市居民对河北省整体安全状况、城市自然灾害、城市社会安全、城市公共卫生安全、城市事故灾难以及城市安全保障方面的满意程度。调查结果显示，河北省城市居民对河北省整体安全状况“比较满意”以上的比例为 83.5%，说明河北省城市安全状况良好。

3.3.1 河北省城市自然灾害安全状况满意情况

如图 3–28 所示，调查的 200 名城市居民对所在城市自然灾害安全状况的满意情况中，“非常满意”的人数占 7.00%、“满意”的人数占 33.00%、“比较满意”的人数占 39.00%、“不太满意”的人数占 15.50%、“不满意”的人数占 5.50%。总的来说，200 名城市居民中对所在城市自然灾害安全状况“比较满意”以上的比例为 79.00%。

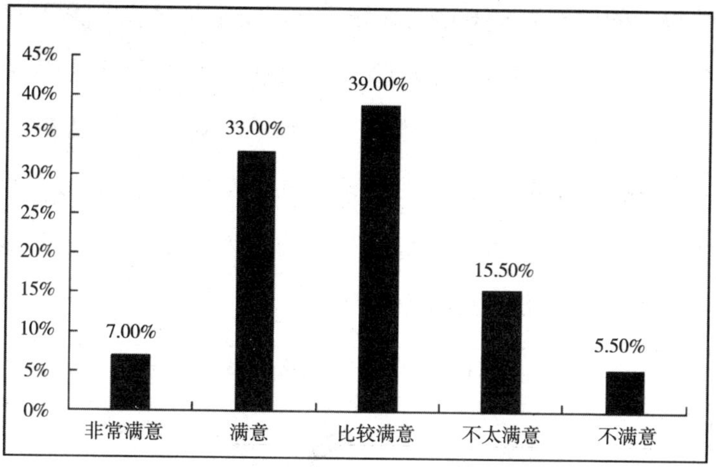

图3-28　河北省城市居民对所在城市自然灾害安全状况满意度

3.3.2　河北省城市社会安全状况满意情况

如图 3-29 所示，调查的 200 名城市居民对所在城市社会治安状况的满意情况中，“非常满意”的人数占 9.50%、“满意”的人数占 33.00%、“比较满意”的人数占 37.50%、“不太满意”的人数占 13.00%、“不满意”的人数占 7.00%。总的来说，200 名城市居民中对所在城市社会治安状况“比较满意”以上的比例为 80.00%。在城市生命线安全状况满意情况方面，“非常满意”的人数占 8.50%、“满意”的人数占 36.50%、“比较满意”的人数占 37.50%、“不太满意”的人数占 10.50%、“不满意”的人数占 7.00%。总的来说，200 名城市居民中对所在城市生命线安全状况“比较满意”以上的比例为 82.50%。在城市重点区域安全状况满意情况方面，“非常满意”的人数占 8.50%、“满意”的人数占 36.00%、“比较满意”的人数占 37.50%、“不太满意”的人数占 13.00%、“不满意”的人数占

5.00%。总的来说，200名城市居民中对所在城市重点区域安全状况“比较满意”以上的比例为82.00%。在城市社区安全状况满意情况方面，“非常满意”的人数占10.50%、“满意”的人数占36.00%、“比较满意”的人数占39.00%、“不太满意”的人数占10.00%、“不满意”的人数占4.50%。总的来说，200名城市居民中对所在城市社区安全状况“比较满意”以上的比例为85.50%。总体来看，河北省城市居民对所在城市社会安全状况满意度在80.00%以上，满意度较高。

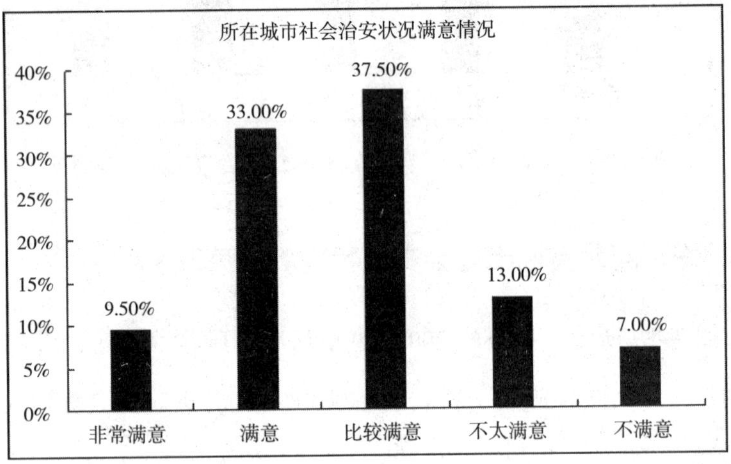

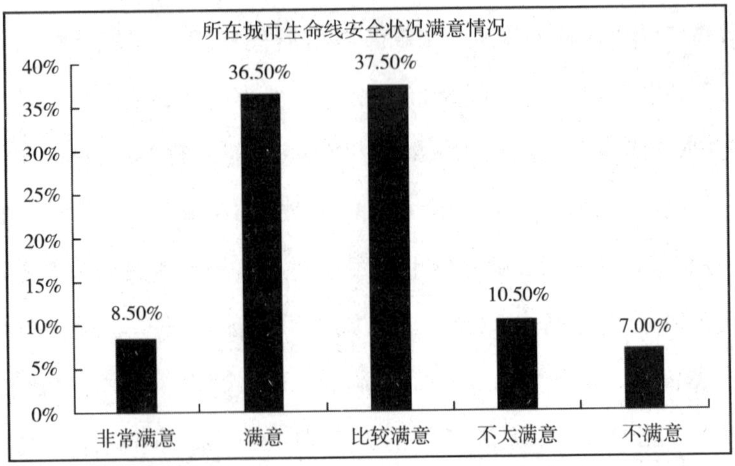

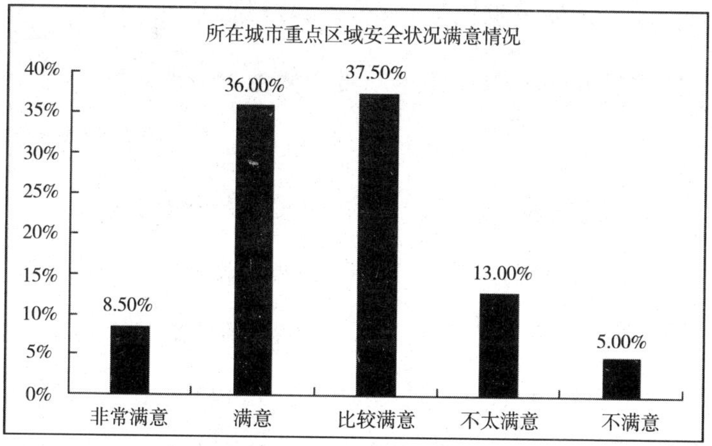

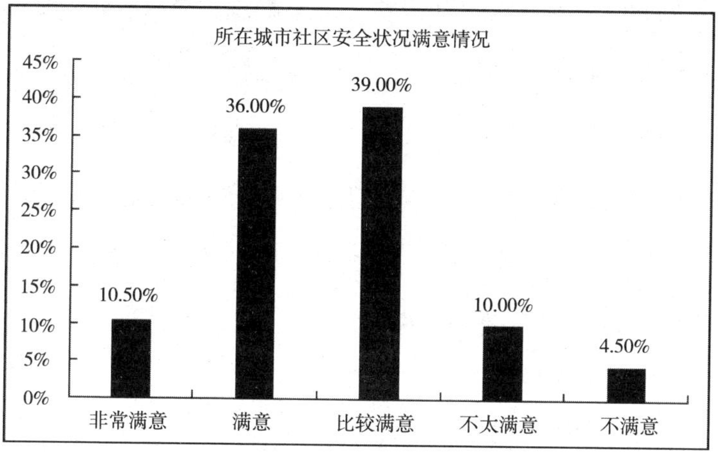

图3-29　河北省城市居民对所在城市社会安全状况满意度

3.3.3　河北省城市公共卫生状况满意情况

如图 3-30 所示，调查的 200 名城市居民对所在城市食品安全状况的满意情况中，“非常满意”的人数占 8.50%、“满意”的人数占 25.00%、“比较满意”的人数占 40.00%、“不太满意”的人数占 19.00%、“不满意”的人数占 7.50%。总的来说，200 名城市居民中对所在城市食品安全状况“比较满意”以上的比例为 83.50%。在城市传染病防控状况满意情况方面，“非常满意”的人数占 8.00%、“满意”的人数占 32.00%、“比较满意”的人数占 39.00%、“不太满意”的人数占 16.00%、“不满意”的人数占 5.00%。总的来说，200 名城市居民中对所在城市传染病防控状况“比较满意”以上的比例为 89.00%。在城市生态环境状况满意情况方面，“非常满意”的人数占 3.00%、“满意”的人数占 18.00%、“比较满意”的人数占 38.00%、“不太满意”的人数占 22.00%、“不满意”的人数占 19.00%。总的来说，200 名城市居民中对所在城市生态环境状况“比较满意”以上的比例为 79.00%。在城市生活废物、废水处理满意情况方面，“非常满意”的人数占 11.00%、“满意”的人数占 37.50%、“比较满意”的人数占 37.50%、“不太满意”的人数占 10.00%、“不满意”的人数占 4.00%。总的来说，200 名城市居民中对所在城市生活废物、废水处理“比较满意”以上的比例为 86.00%。总体来看，河北省公共卫生管理方面存在一定不足，尤其是生态环境方面需要进一步改善。

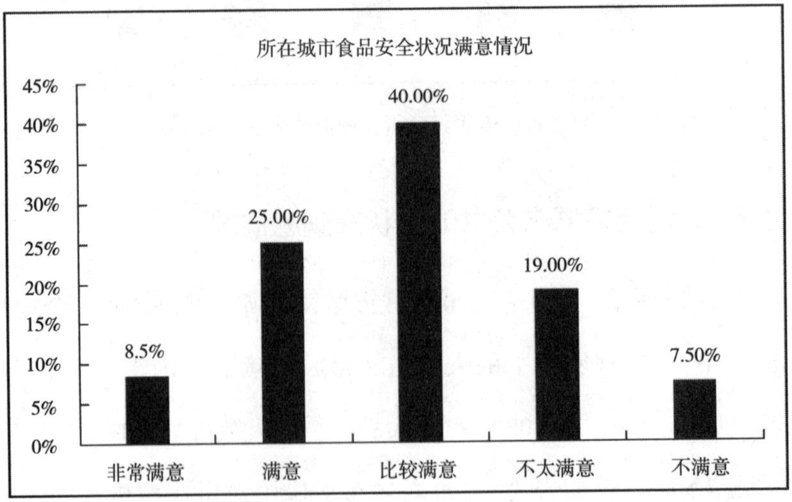

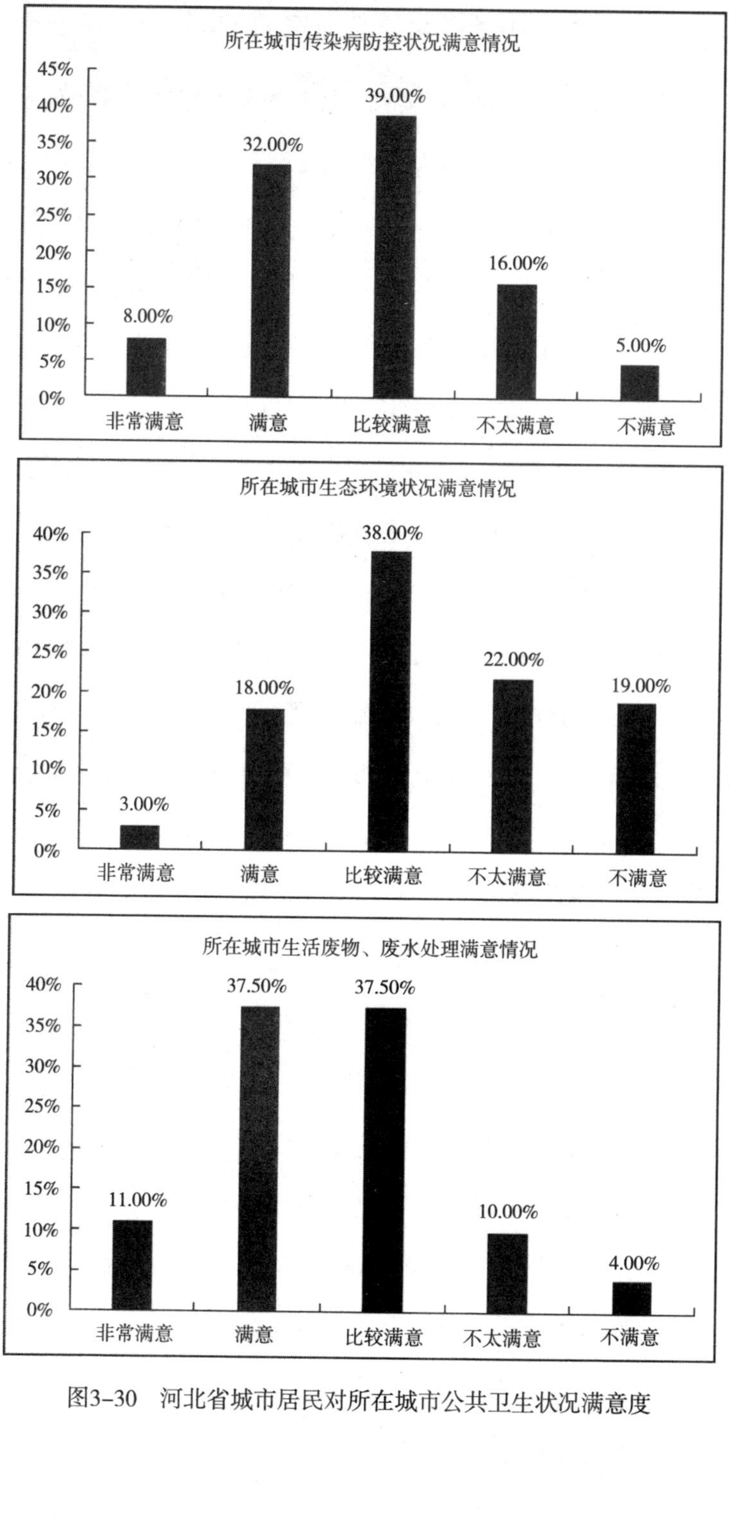

图3-30　河北省城市居民对所在城市公共卫生状况满意度

3.3.4 河北省城市生产安全状况满意情况

如图 3–31 所示，调查的 200 名城市居民对所在城市工作单位安全状况的满意情况中，“非常满意”的人数占 14.00%、“满意”的人数占 36.00%、“比较满意”的人数占 35.50%、“不太满意”的人数占 11.50%、“不满意”的人数占 3.00%。总的来说，200 名城市居民中对所在城市工作单位安全状况“比较满意”以上的比例为 85.50%。在城市工作单位应急能力满意情况方面，“非常满意”的人数占 10.50%、“满意”的人数占 35.00%、“比较满意”的人数占 36.50%、“不太满意”的人数占 13.50%、“不满意”的人数占 4.50%。总的来说，200 名城市居民中对所在城市工作单位应急能力“比较满意”以上的比例为 82.00%。在城市生产安全信息公开满意情况方面，“非常满意”的人数占 8.00%、“满意”的人数占 24.50%、“比较满意”的人数占 42.00%、“不太满意”的人数占 16.50%、“不满意”的人数占 9.00%。总的来说，200 名城市居民中对所在城市生产安全信息公开“比较满意”以上的比例为 74.50%。在城市交通安全状况满意情况方面，“非常满意”的人数占 8.50%、“满意”的人数占 19.00%、“比较满意”的人数占 35.50%、“不太满意”的人数占 25.00%、“不满意”的人数占 12.00%。总的来说，200 名城市居民中对所在城市交通安全状况“比较满意”以上的比例为 63.00%。在城市消防安全满意情况方面，“非常满意”的人数占 11.00%、“满意”的人数占 37.50%、“比较满意”的人数占 37.50%、“不太满意”的人数占 10.00%、“不满意”的人数占 4.00%。总的来说，200 名城市居民中对所在城市消防安全状况“比较满意”以上的比例为 86.00%。在城市建设工程安全满意情况方面，“非常满意”的人数占

8.50%、“满意”的人数占 30.50%、“比较满意”的人数占 42.00%、“不太满意”的人数占 14.50%、“不满意”的人数占 4.50%。总的来说，200 名城市居民中对所在城市建设工程安全状况“比较满意”以上的比例为 81.00%。总体来看，河北省在城市生产安全信息公开、交通安全方面存在一定不足。

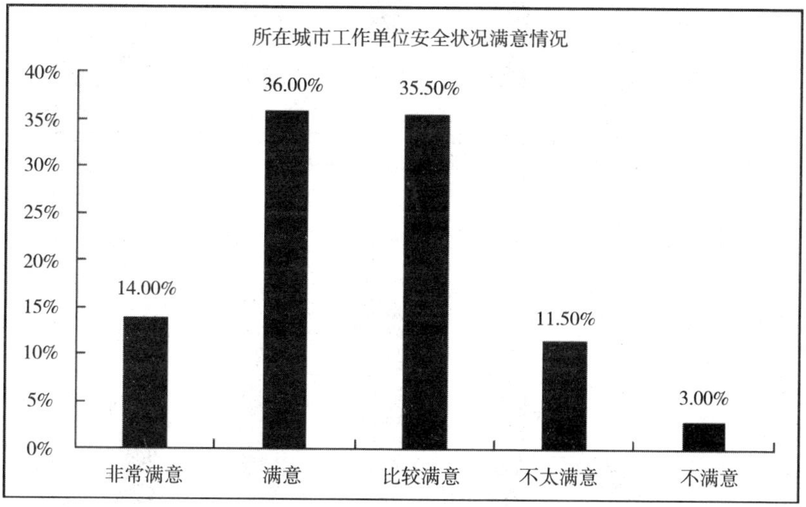

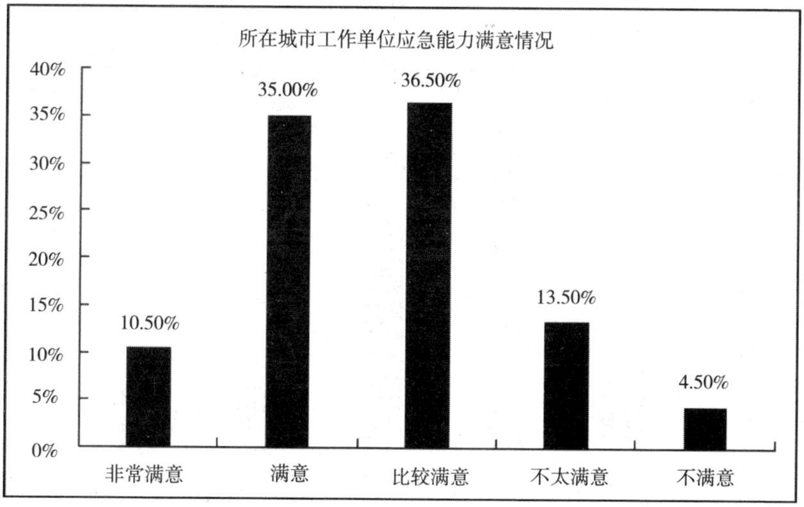

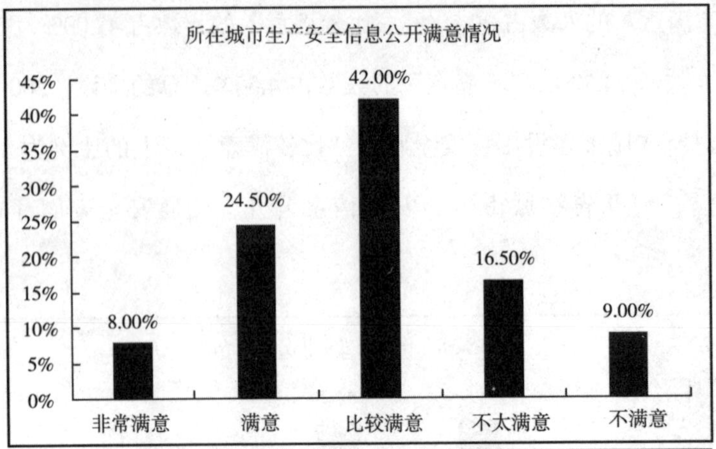
所在城市生产安全信息公开满意情况
45%
40%
35%
30%
25%
20%
15%
10%
5%
0%
8.00%
24.50%
42.00%
16.50%
9.00%
非常满意
满意
比较满意
不太满意
不满意

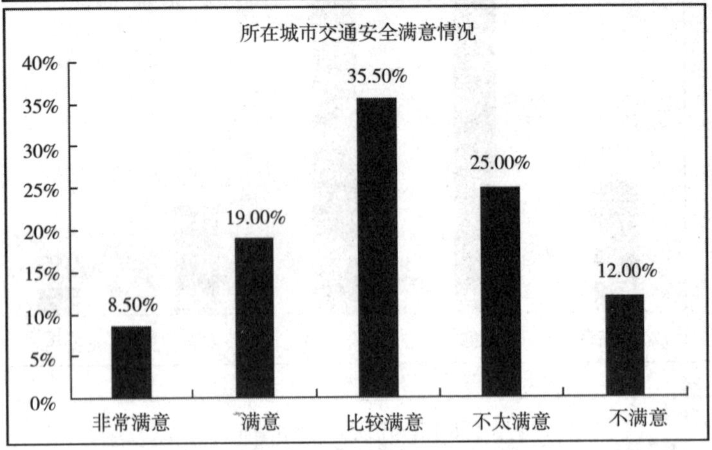
所在城市交通安全满意情况
40%
35%
30%
25%
20%
15%
10%
5%
0%
8.50%
19.00%
35.50%
25.00%
12.00%
非常满意
满意
比较满意
不太满意
不满意

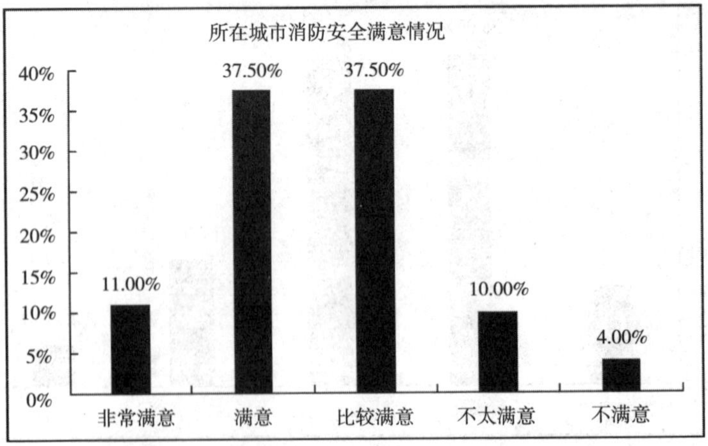
所在城市消防安全满意情况
40%
35%
30%
25%
20%
15%
10%
5%
0%
11.00%
37.50%
37.50%
10.00%
4.00%
非常满意
满意
比较满意
不太满意
不满意

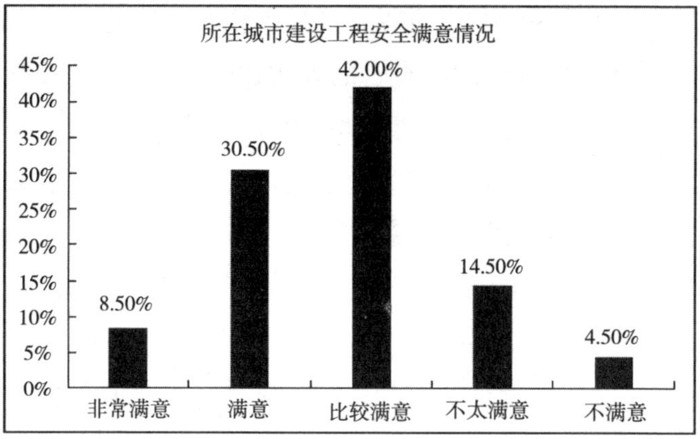

图3-31　河北省城市居民对所在城市生产安全状况满意度

3.3.5　河北省城市安全保障满意情况

如图 3-32 所示，调查的 200 名城市居民对所在城市安全监管状况的满意情况中，“非常满意”的人数占 10.00%、“满意”的人数占 32.00%、“比较满意”的人数占 42.00%、“不太满意”的人数占 13.00%、“不满意”的人数占 3.00%。总的来说，200 名城市居民中对所在城市安全监管状况“比较满意”以上的比例为 84.00%。在城市生活娱乐设施状况满意情况方面，“非常满意”的人数占 7.50%、“满意”的人数占 29.50%、“比较满意”的人数占 42.50%、“不太满意”的人数占 13.50%、“不满意”的人数占 7.00%。总的来说，200 名城市居民中对所在城市生活娱乐设施状况“比较满意”以上的比例为 79.50%。在城市安全知识普及工作满意情况方面，“非常满意”的人数占 9.00%、“满意”的人数占 32.00%、“比较满意”的人数占 35.50%、“不太满意”的人数占 17.00%、“不满意”的人数占 6.50%。总的来说，200 名城市居民中对所在城市安全知识普及工作“比较满意”以上的比例为 76.50%。在城市安全信息获取状况满意情况方面，“非常满意”的人数占 8.50%、“满意”的人数占 27.00%、“比较满意”的人数占 44.50%、“不太满意”的人数占 11.50%、“不满意”的人数占 8.50%。总的来说，200 名城市居民中对所在城市安全信息获取状况“比较满意”以上的比例为 80.00%。在城市应急设施和条件满意情况方面，“非常满意”的人数占 8.50%、“满意”的人数占 29.50%、“比较满意”的人数占 41.50%、“不太满意”的人数占 16.00%、“不满意”的人数占 5.00%。总的来说，200 名城市居民中对所在城市应急设施和条件“比较满意”以上的比例为 79.00%。在城市事故追责制度满意情况方面，“非常满意”的人数占 7.50%、“满意”的人数占 29.00%、“比较满意”的人数占 40.00%、“不太满意”的人数占 17.50%、“不满意”的人数占 6.00%。总的来说，200 名城市居民中对所在城市事故追责制度“比较满意”以上的比例为 76.50%。总体来看，河北省生产安全方面在城市生活娱乐设施建设、城市安全知识普及、城市应急设施和条件改善方面应该进一步改进。

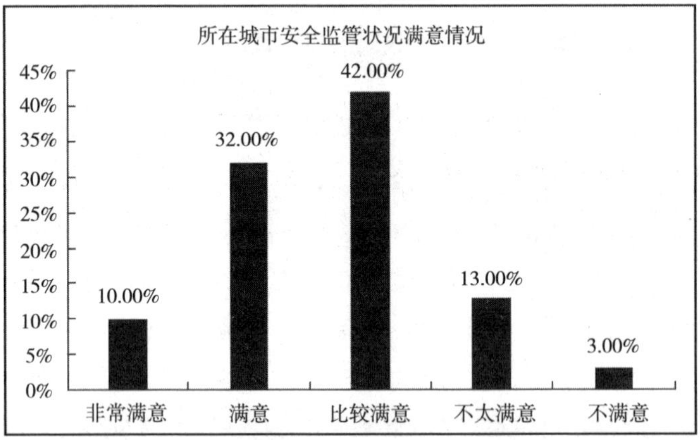

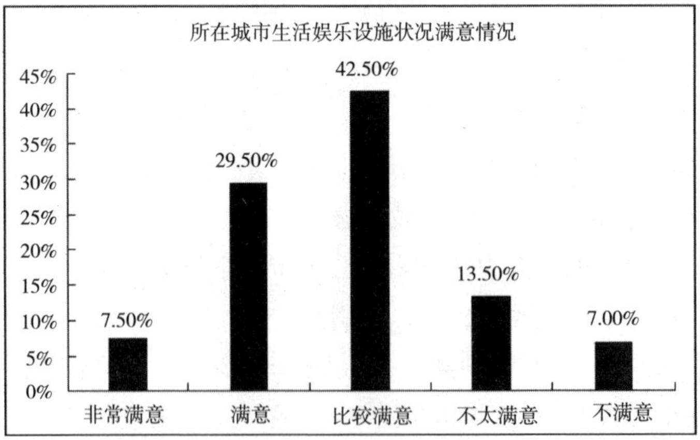

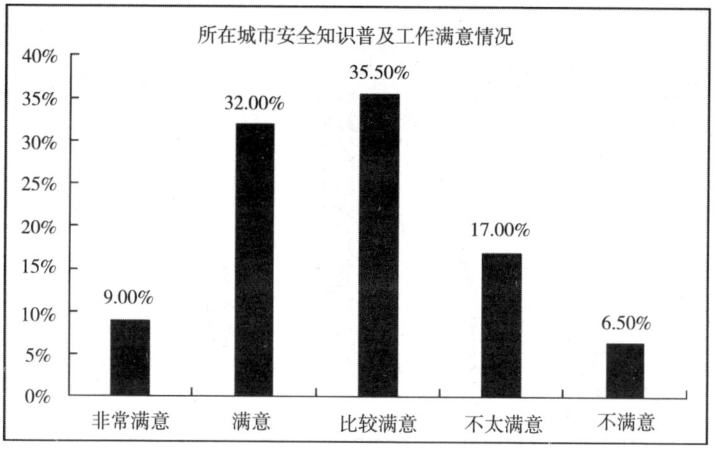
所在城市安全知识普及工作满意情况
40%
35%
30%
25%
20%
15%
10%
5%
0%
9.00%
32.00%
35.50%
17.00%
6.50%
非常满意
满意
比较满意
不太满意
不满意

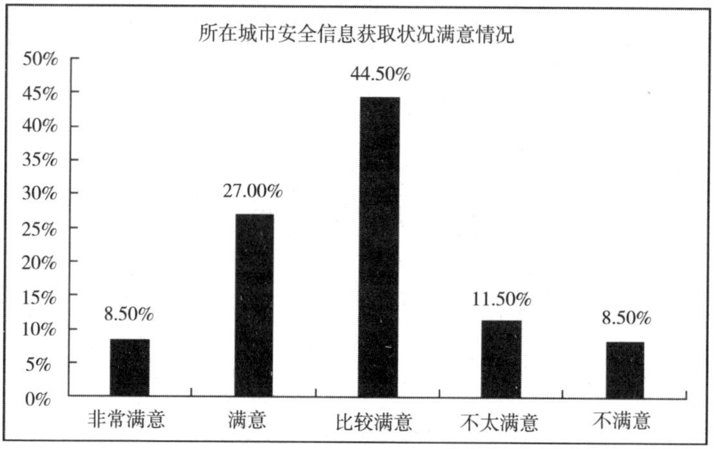
所在城市安全信息获取状况满意情况
50%
45%
40%
35%
30%
25%
20%
15%
10%
5%
0%
8.50%
27.00%
44.50%
11.50%
8.50%
非常满意
满意
比较满意
不太满意
不满意

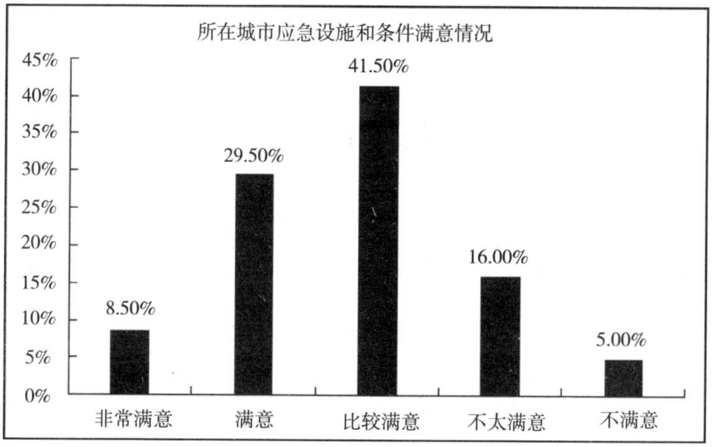
所在城市应急设施和条件满意情况
45%
40%
35%
30%
25%
20%
15%
10%
5%
0%
8.50%
29.50%
41.50%
16.00%
5.00%
非常满意
满意
比较满意
不太满意
不满意

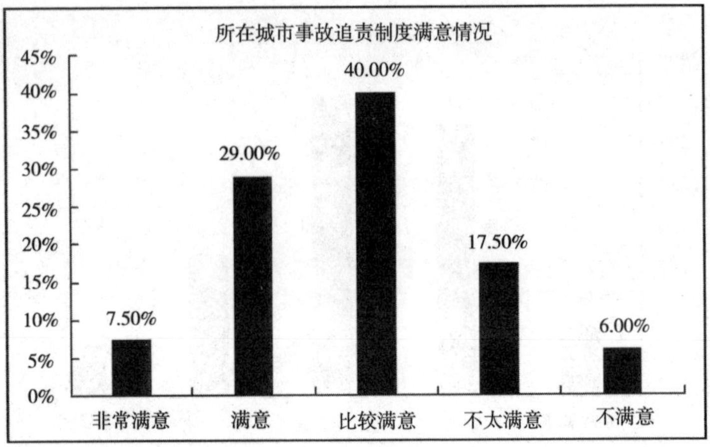

图3-32　河北省城市居民对所在城市安全保障状况满意度

3.4　河北省城市安全管理问题分析

通过上述对河北省城市安全状况、抗灾保障能力以及城市居民安全满意度调查分析结果，可以进一步分析总结得到河北省城市安全管理方面存在的具体问题，从而找到进一步提升河北省城市安全管理水平的突破口。

3.4.1　城市基础设施建设速度落后，抗灾能力不足

随着城市化进程不断加快，城市建设速度越来越快，但是相应的城市基础设施建设、改建速度出现了相对滞后的情况，致使在突发自然灾害或事故灾难时，城市基础设施的抗灾能力出现不足的情况，进而使得相应的城市灾害影响程度和范围进一步加大[127]。河北省近年来在城市发展方面进展速度较快，同样也出现了基础设施抗灾能力不足的情况。比如，近年

来城市内涝现象经常出现，暴雨引发的城市内涝严重影响了城市交通秩序与安全、影响了城市居民的工作与生活、威胁了城市居民的出行安全。另外，从各个城市道路改建情况也能看出城市基础设施存在较大问题，经常会看到某些道路时常挖开，铺设管道、线路等设施。再有，城市道路宽度相对于城市人口密度增长速度来说，承载能力出现不足，在交通高峰时段，各个城市都会出现不同程度的拥堵现象。因此，河北省城市基础设施抗灾能力不足是制约城市安全管理的关键因素之一。

3.4.2　城市风险源不断增多，行业间交叉影响日益增大

随着河北省城市人口不断增加，城市风险的载荷能力出现相对不足的问题，相应的城市风险源也在不断增加。城市工业企业、城市高层建筑、城市道路、城市社区等都存在一定数量的危险源，而对于相应危险源的识别存在较大不足，在一定条件下这些危险源可能引发相应的风险事故，进而造成经济损失或人员伤亡。另外，由于城市空间的有限性，导致城市内各个行业关系更加密切，相互交叉、相互影响的现象日益增多。比如，城市工业企业能源供应、废水排放系统与城市生命线系统交叉布置，加之在建设、维修环节缺乏有效沟通，很容易引发生产安全事故；或者某一行业的生产安全事故会引发其他行业生产安全事故发生，影响范围不断扩大。再比如，城市工业企业与城市交通、相关行业的交叉，也会引发相应的生产安全事故。2018 年发生的张家口“1・28”爆燃事故造成的巨大危害事故就充分体现了这一点，城市化工企业生产安全事故的发生、发展、演化，在大量车辆滞留、违规停车场等条件下，在很大程度上加大了生产安全事故的危害与影响。

3.4.3 产业结构不尽合理，第二产业负面影响较大

河北省是工业大省，第二产业比重较大，存在着产业结构不合理的问题，因此，京津冀协同战略实施过程中，河北省产业结构调整是重点任务之一。第二产业比重大，尤其是工业企业数量多，会带来一些较大的负面影响。第一，工业企业数量多，安全生产水平参差不齐，安全管理难度很大，所以，发生在工业企业的生产安全事故较多。第二，第二产业资源消耗大，生产中产生的废物、废气、废水多，对生态环境造成的危害很大[128]。比如，2013年以来河北省出现的严重雾霾，与河北省第二产业发展存在很大关系。第三，由于相关企业生产安全信息公开程度低，城市居民对多数企业认知程度不足，严重威胁城市居民生命健康的同时，城市公众对相关企业建设、发展提出了质疑与反对，这对于相关行业的发展是十分不利的。第四，产业结构调整、环保政策的严格履行也在一定程度上增加了企业的经济负担，可能会导致企业出现压缩安全投入的不利后果，这也加大了工业企业出现安全事故的风险。

3.4.4 京津冀协同发展和雄安新区战略带来了新的挑战

京津冀协同发展和雄安新区战略的实施给河北省社会安全带来的挑战主要体现在以下五个方面：第一，交通一体化、服务一体化、网络一体化、信息一体化在很大程度上增加了人们的沟通效率，进一步加大了河北省人口的流动性，这给河北省交通管理部门带来了巨大的工作压力，同时给河北省城市相关配套设施带来了新的考验。第二，两大战略的实施，将增加外来务工人员，导致部分地区人口急剧增加，在很大程度上加大了户

籍管理、人口管理等方面工作的强度和难度。同时，外来务工人员中难免混杂着犯罪分子，进一步加大了河北省城市治安管理的难度。第三，两大战略的实施将进一步带动河北省产业升级转型、基础设施升级改造、交通设施升级改造以及环保领域的发展，在此过程中，失业、征地拆迁、环境污染、购房置业引发的利益冲突和经济纠纷可能不断增加，从而会进一步加大河北省城市治安管理难度[129]。第四，河北省城市人口数量与密度的增加，以及人口流动性增加，对于河北省传染病防控是十分不利的。第五，河北省人口数量的增加，更加突出了人均医疗资源不足和优势医疗资源不足的问题，这会进一步加剧河北省城市居民医疗资源不足、不公平的情况。

3.4.5　城市应急物资及应急装备不足，物资监管效能有待提升

河北省城市应急物资储备管理体系存在不足，应急物资及应急设备储备不足，尤其是应急专用车辆，比如，用于现场卫生应急的微生物检测车、理化检测车、消毒车、负压救护车等较为缺乏[130]，这对于城市突发事件应急救援是十分不利的。新冠肺炎疫情发生后，河北省出现了一段时间的医疗卫生资源短缺的情况，口罩、防护服、消毒用品等防疫必需品购买十分紧张，一度出现无处购买的情况，这对于疫情应对是十分不利的。这也充分说明，相关城市应急物资的生产、储备、管理能力应该进一步加强。另外，由于缺乏统一的标准，各医疗机构只能根据以往同期病例数量和物资应用情况进行物资储备，加之物资监管效能不高，很难确保各医疗机构物资储备是否达到相关要求，一旦发生较为严重的城市突发事件，可能会在一定程度上影响突发事件的救援效率。

3.4.6 城市安全管理协同性不足，综合抗灾能力有待提升

随着河北省城市化进程不断加快，城市面临的安全风险也在不断增加，加之不同行业相互交叉影响，致使城市安全管理工作日益复杂，安全管理难度不断提升。大多数情况下，城市的安全管理工作处于各个行业自我管控，行业间缺乏有效的交流和沟通，使得城市的安全管理工作比较分散，不能形成有效的合力[131]。另外，由于缺乏标准化的城市安全管理模式，各个行业在开展安全管理工作时采用的流程和方法各不相同，也在一定程度上增加了相互合作的难度。因此，在政府部门的统一领导下，河北省在城市安全管理工作中应该进一步加强不同行业、不同部门间的合作，在做好本行业工作的同时，发现各行业间的交叉环节，共同协商对策，共同应对城市灾害，从根本上提升城市的综合防灾抗灾救灾能力。

3.4.7 城市灾害防控知识普及不足，公众抗灾意识与能力欠缺

必备的城市灾害应急知识和灾害应对能力是城市公众有效应对城市灾害事件的关键要素。比如，针对城市暴雪，公众应该知道在光滑的道路上行走或开车应该注意什么？应该准备哪些物资？面对突发的城市社会安全事件，城市公众应该如何保护自己？如何避难与及时报警？面对传染性比较强的突发公共卫生事件城市公众应该注意什么？有哪些必要的应对方法？面对城市化工厂爆炸，城市公众应该做好哪些防护工作？解决上述问题，相关城市政府部门应该加强城市灾害防控知识的普及工作，采取宣传、培训、应急演练等形式，有效传播相关知识，提高城市公众的灾害应对能力。当前，河北省在城市灾害应急知识和应急能力宣传、培训方面存在一定不足，应该进一步加强城市灾害防控知识的普及工作。

3.5　本章小结

本章基于河北省相关统计资料、问卷调查资料，从城市自然灾害、城市社会安全、城市公共卫生、城市事故灾难四个方面系统分析了河北省城市安全现状、抗灾保障能力、城市居民安全感。在此基础上分析总结了河北省城市安全管理中存在的问题及不足之处，为后面的研究奠定了基础。

第4章 河北省城市突发事件的影响与危害

由第3章可以看出，河北省城市面临着各类自然灾害影响，社会安全形势较为严峻，公共卫生状况仍需改善，事故灾难仍然是城市安全管理工作的重中之重。随着城镇化建设速度的不断加快，城市基础设施应对城市突发事件的能力出现了相对不足的情况，城市突发事件的发生，在造成经济损失、人员伤亡的同时，会在更大程度上影响城市生产、生活秩序，甚至引发城市居民的恐慌心理，诱发继发的城市灾害事件。

4.1 城市自然灾害的影响与危害

城市自然灾害的防控难度是比较大的，由第3章可以看出，河北省面临的自然灾害种类多、影响范围广，对河北省城市造成的危害主要体现在经济损失、人员伤亡、城市秩序破坏、心理伤害以及城市形象受损等方面。

4.1.1 经济损失

由表3-1可以看出，2010年至2018年河北省由于自然灾害造成的直接经济损失为1626亿元，旱灾造成的农作物绝收面积达到430.5千公顷、洪涝灾害造成的农作物绝收面积达到179.33千公顷、风雹灾害造成的农作物绝收面积达到177.5千公顷、低温冷冻和雪灾造成的农作物绝收面积达到159.8千公顷（如图4-1所示）。地质灾害造成的直接经济损失为3580万元。

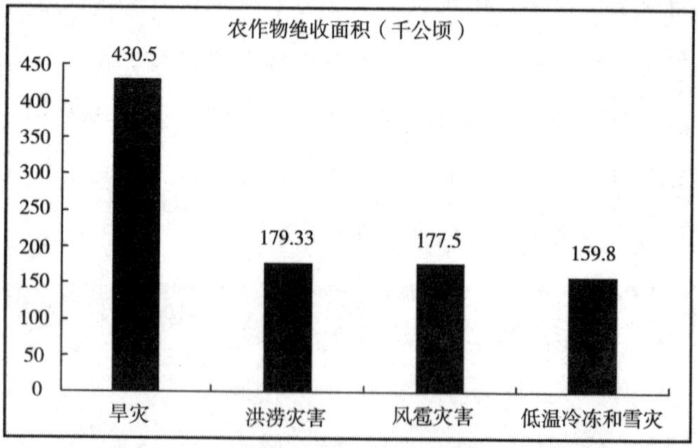

图4-1　2010—2018年河北省各类自然灾害农作物绝收情况

除了上述经济损失之外，城市自然灾害还会对城市的交通设施、供电设施、供气设施、建筑物等造成破坏，从而造成相应的经济损失。比如，暴雨会冲垮城市道路路基、路面，引发交通事故，造成车辆受损；暴雪会压断树枝，进而砸坏车辆，也会压断城市输电线路，造成企业停产；地震会造成房屋破坏、交通中断、通信中断等。总之，城市自然灾害造成的经济损失是巨大的。2015 年至 2019 年河北省由自然灾害造成的直接经济损失如图 4–2 所示。

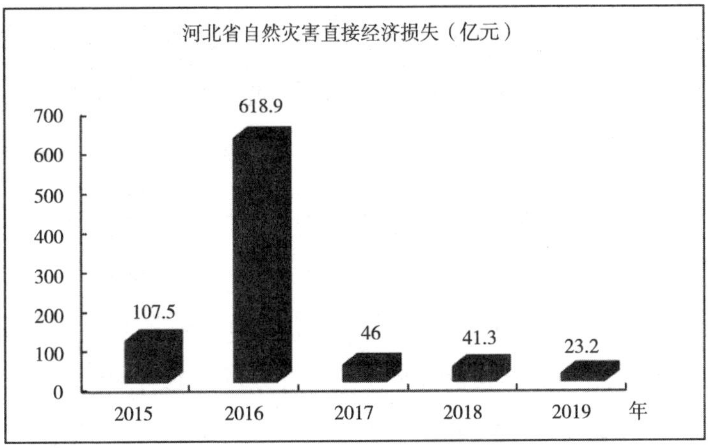

图4–2　2015—2019年河北省自然灾害直接经济损失

4.1.2　人员伤亡

城市自然灾害第二方面严重的危害在于造成人员伤亡，2010 年至 2018 年，河北省由于自然灾害受灾人口为 14353.8 万人次，受灾死亡人数为 439 人，其中，地质灾害造成 11 人死亡。由于城市越来越多的地面透水性不足，加之城市基础排水设施排水能力不足，暴雨发生后，河北省大多数城市常常出现内涝的情况，路面大量的积水严重影响城市交通秩序，行人、骑车居民容易受伤，甚至死亡；同时道路积水加大了交通事故的发生概率，交通事故的发生增加了人员的伤亡。例如，2016年7月，河北省由于受到持续特大暴雨影响，造成114人死亡，111人失踪。另外，由于暴雨、大风造成的人员伤亡案例也时有发生。

4.1.3 城市秩序破坏

河北省大多数城市人口数量较多、流动较大，城市自然灾害的发生，容易在一定程度上破坏城市正常的生活秩序。总的来说，城市自然灾害对城市秩序的影响主要体现在以下几个方面。一是城市暴雨、暴雪发生后，会在很大程度上影响人们出行，增加了人们出门工作、购物的难度，如果控制措施或供应不足，还会造成物价短时上涨或生活物资供应不足的情况。二是城市自然灾害可能破坏城市基础设施，影响城市居民用水供应，出现用水紧缺的情况。三是城市自然灾害可能破坏城市供电线路，导致城市供电中断，对城市工业生产、居民生活造成严重的影响。第四，严重的城市自然灾害会破坏城市的通信系统，导致城市通信系统出现整体或部分瘫痪情况，影响城市居民的日常沟通、交流[132]。例如，2021年5月1日，受保定市境内大风天气影响，京广高铁定州东至保定东间接触网挂异物，影响铁路供电，导致进出北京多趟高铁晚点，部分列车晚点2个小时以上，大量乘客滞留在火车站，在一定程度上影响了城市秩序。这是一起典型的由自然灾害引发的城市秩序破坏案例。

4.1.4 居民心理伤害

城市自然灾害给城市居民带来的心理伤害也是比较严重的，而且往往被忽略，致使部分受害居民长期承受心理痛苦，严重影响了受害者的身心健康，降低了受害者的生活幸福感[133]。以唐山大地震中的受害者为例，部分失去亲人或者地震中的幸存人员，地震造成的心理伤害长期影响其生活，多年后谈起当年的事件，脸上的痛苦表情难以掩饰；在听说或经历新的地震时，部分个体会出现强烈的恐惧感。调查显示，地震后，有大约 10%的人会留下心理创伤。对于慢性应激障碍，女性平均四年左右可以平复，男性平均一年可以平复，但如果处理不好，有些人可能几十年、一辈子都会存在一定的心理阴影。电影《唐山大地震》上映后，有记者做了调查发现：一些经历过唐山大地震的人，害怕电影会再次揭开他们心中愈合已久的伤疤，不敢去看。再比如，2012 年北京暴雨灾害造成 79 人死亡，给城市居民造成了严重的心理影响。近年来，河北省城市内涝情况多发，在北京暴雨心理影响下，暴雨天气城市居民害怕出门，出门的居民心理恐慌程度较大，担心暴雨造成的破坏影响出行安全。

4.1.5　城市形象受损

暴雪、暴雨等自然灾害会在很大程度上影响城市居民的生活、工作秩序，威胁城市居民的出行安全。近年来，河北省部分城市内涝情况多发，给城市居民带来了诸多不便，让更多的人觉得相关城市基础设施抗灾能力不足，生活幸福指数不高，使其城市形象受损。近年来，“在家里‘看海’”“喜提‘内陆海景房’”等网络调侃的背后，警醒城市管理者必须做好城市汛期安全的考题。严重的雾霾天气不仅影响城市交通，更是严重威胁了城市居民的身体健康[134]。2012 年以来，河北省多数城市雾霾严重，部分城市雾霾指数在全国排行前几位，河北省相关城市形象在很大程度上受到了影响。更值得关注的是自然灾害造成的城市形象受损，会进一步加剧河北省城市人才流失，增加人才引进的难度，这种由于自然灾害引发的人才危机更应该引起人们深思。

4.2 城市社会安全事件的影响与危害

社会安全是城市居民安居乐业、幸福生活的必要保障。城市社会安全事件的频繁发生不仅会造成经济损失、人员伤亡，还会在一定程度上影响城市居民的生活秩序，增加城市居民的心理恐慌感，影响城市形象，甚至会使政府执政能力受到质疑。

4.2.1 经济损失

城市社会安全事件造成的经济损失主要体现在以下方面。一是发生在城市内的盗窃案件、经济诈骗案件等会使受害人或受害单位出现较大的经济损失。例如，2017年河北省破获的特大入室盗窃案，涉案金额400万元；2018年河北省破获的特大系列盗窃机动车案中，涉案金额100余万元，很多受害者遭到不同程度的经济损失。二是经济诈骗案件、网络诈骗数量呈现上升趋势，致使越来越多的城市居民受到经济损失。2020年上半年，河北省围绕多发的电信网络诈骗犯罪，全面推进打击治理电信网络新型违法犯罪专项行动，共破获电信网络诈骗犯罪案件3008起，涉案资金7亿元以上。三是恐怖袭击事件、规模较大的群体性事件的发生，可能会造成公共设施受到破坏、城市商户设施受损、政府机构相关设施和设备受损等经济损失。

4.2.2　人员伤亡

在城市快速发展的大背景下，经济纠纷、社会矛盾问题逐渐增多，城市社会安全事件的影响呈现出范围扩大化、危害严重化的特征。严重的城市社会安全事件不但会造成经济损失，还会造成人员伤亡，主要体现在以下几个方面。第一，暴恐事件是造成人员伤亡最多的城市社会安全事件，比如，“6・5”成都公交车纵火案造成 27 人死亡，74 人受伤。第二，城市群体性事件也是造成人员受伤较多的城市社会安全事件，比如，贵州瓮安事件造成 150 余人受伤，造成了很大的社会影响。第三，经济诈骗案件和网络诈骗案件逐渐成为威胁城市居民生命安全的城市社会安全事件，近年来由于经济诈骗、网络诈骗导致被骗受害者自杀的案件不断增多。

4.2.3　城市秩序破坏

城市暴恐事件往往发生在人员密集场所或人员集中场所，不仅会造成人员受伤，还会进一步影响交通，造成交通拥堵，严重影响了城市的交通秩序。同时，城市重大社会安全事件的发生会在很大程度上造成城市居民出现心理恐慌，致使部分城市居民不敢去大型公共场所、拒绝乘坐公共交通工具，这些对城市秩序都存在一定的影响[135]。另外，城市社会安全事件发生后，需要政府部门迅速做出正确的决策，短时间内控制事件的发生及演化，如果政府对城市社会安全事件的处理效率低或者处理结果存在较大问题，很容易引发城市公众对政府执政能力产生质疑，进而引发其他破坏城市秩序的事件。

4.2.4 城市形象受损

城市形象是指城市以其自然的地理环境、经济贸易水平、社会安全状况、建筑物的景观、商业、交通、教育等公共设施的完善程度、法律制度、政府治理模式、历史文化传统以及市民的价值观念、生活质量和行为方式等要素作用于社会公众并使社会公众形成对某城市认知的印象总和。一个城市的良好形象与其治安状况有着直接或间接的联系，因此，如果一个城市经常发生社会安全事件，其形象必然会受到较大影响[136]。城市形象受损必然会带来进一步的影响，比如，会影响城市商业环境，导致城市人才流失，加剧城市引进人才的难度等。以 2022 年 6 月 10 日唐山打人事件为例，这起暴力伤人事件发生后，在网上引发了巨大的舆论，网民在抨击施暴者行为的同时，也对当地公安执法等部门的执政能力产生了质疑，尤其随着后期举报人数大量增多，网民的质疑声越来越大。该起社会治安事件对唐山市城市形象的影响是巨大的。

4.3 城市公共卫生事件的影响与危害

城市公共卫生事件往往具有突发性、紧迫性等特点，部分公共卫生事件具有较大的传染性，影响范围更广，危害更大。尤其是 2003 年的 SARS 冠状病毒、2020 年的新型冠状病毒，初期原因不明，传染性较强，在很大程度上会引发城市居民的心理恐慌，对城市秩序、城市经济发展造成较大的影响。

4.3.1　经济损失

根据第 3 章统计结果可以得知，2013—2019 年 7 年内河北省共出现各类传染病 216 万余例，这些患者康复需要一定的治疗费用，部分患者还会产生一定的误工费用等，这些损失在一定程度上会加剧相关家庭的困难程度。再者，部分患者误工也会在一定程度上影响所在企业的生产秩序，进而会增加企业的生产负担[137]。对于重特大传染性突发公共卫生事件，比如 2020 年的新型冠状病毒，初期传染速度快，范围广，为有效控制病毒蔓延，全国各地采取有效措施共同抗疫。河北省在京津冀地区具有特殊的区位特点，人口流动大，防控效果直接影响着北京、天津的防控工作。因此，河北省在疫情防控方面的严格程度更高，疫情期间企业停工停产也造成了很大的经济损失。

4.3.2　人员健康、死亡威胁

由第 3 章统计数据可以得到，2013—2019 年，河北省发生乙类传染病 946398 例，死亡 1481 人；发生丙类传染病 1214709 例，死亡 102 例。近 7 年平均每年发生传染病 30 万例以上，严重威胁了河北省城市居民的身心健康。另外，近年来河北省食品药品安全方面也存在一定问题，在一定程度上威胁了人民的身心健康。例如，2008 年发生的三鹿奶粉事件，该事件导致 5 万多婴儿出现健康问题，其中 4 名婴儿死亡。可见食品卫生安全问题造成的影响十分巨大，必须采取有效的防控措施，避免悲剧重演。

4.3.3　城市居民恐慌

由于大多数突发公共卫生事件初期原因不明，加之部分突发公共卫生事件具有传染性，所以，当城市发生突发性公共卫生事件，尤其发生传染性强的突发公共卫生事件时，往往会引发一定程度的居民恐慌。在恐慌的状态下，城市居民会试图通过各种途径（电话、微信、QQ、网络等）获取有关公共卫生事件的信息，了解事件原因、预防和应对措施等。然而，由于缺乏权威信息，大多数网民只是通过猜测去判断，在消息传播过程中，信息会出现失真，谣言和流言就会出现[138]。在恐慌情境下，人们辨识信息、分析信息的能力下降，更容易受到谣言和流言的影响，这样会进一步加剧城市居民的恐慌程度。

4.3.4 城市秩序受损

突发公共卫生事件，尤其是重大传染性突发公共卫生事件的发生，会在很大程度上破坏城市的正常秩序。以2020年新冠肺炎疫情为例，在京津冀一体化的背景下，加之河北省特殊的地理位置，本次疫情防控中河北省严格按照北京相关防控要求开展相关工作。为了有效防控新型冠状病毒，河北省各个城市采取居家隔离，大多数企业停工停产，多数学校停课。由此可见，重大传染性突发公共卫生事件的发生会在很大程度上破坏城市原有的生产和生活秩序，给城市居民的生产和生活带来诸多不便。另外，由于疫情防控，城市居民就医、旅游、走亲访友等基本的生活秩序也受到了很大的影响，就医难度加大、旅游活动被禁止或受限、走亲访友受限，这些都在一定程度上体现了城市突发公共卫生事件的发生对城市秩序产生的影响。

4.4　城市事故灾难的影响与危害

随着城市化和工业化的高速发展，城市事故灾难的发生频度大大增加，严重威胁了人民群众的生命财产安全和社会稳定。城市事故灾难对社会造成的影响是巨大的，相关研究表明，我国每年仅工业灾害事故造成的经济损失就有近 500 亿元人民币，占全国工业总产值的 3.3% 左右，其中大部分灾害都发生在城市。2013 年至 2019 年，河北省各类生产安全事故造成 13127 人死亡。2012 年至 2018 年，河北省交通事故死亡人数 17491 人，受伤人数为 31523 人，直接经济损失 32444.9 万元。城市事故灾难对城市的影响不仅仅在于经济损失和人员伤亡，还在于其影响范围之大。下面以河北省工业事故为例，分析城市事故灾难的影响与危害。

河北省是工业大省，在华北地区内，是工业企业数量最多的省份，截至 2018 年年底，规模以上工业企业已经达到 14943 家，这些企业涉及煤炭、纺织、冶金、建材、化工、机械、电子、石油、轻工、医药十大产业。河北省工业企业数量多、种类多，安全管理难度自然会很大。由河北省应急管理厅网站事故统计结果可知，2013 年至 2019 年 7 年内，河北省共发生工业事故 697 起，死亡 1039 人，生产安全形势较为严峻。697 起事故中高空坠落事故、机械伤害事故、物体打击事故数量排在前三位，分别为 152 起、120 起、95 起；高空坠落事故、中毒窒息事故、机械伤害事故造成的死亡人数排在前三位，分别为 173 人、161 人、140 人。

下面从事故危害对象角度分析城市事故灾难的影响与危害。河北省城市重大工业事故危害对象包括工业企业、企业员工、救援人员、遇难或伤残者家属、城市公众以及政府部门等，具体的危害类型如图 4–3 所示。

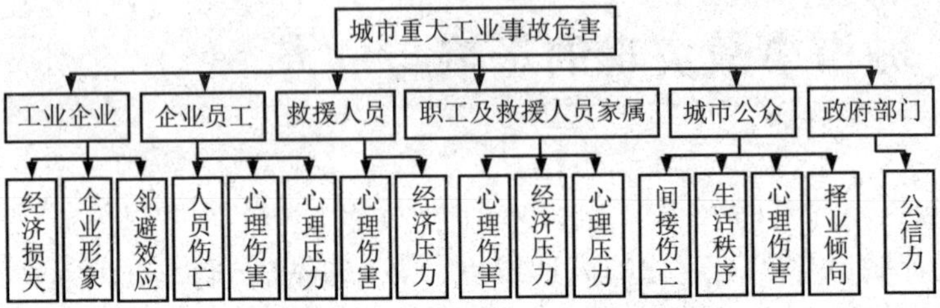

图4–3　河北省城市重大工业事故影响与危害

4.4.1　城市重大工业安全事故对工业企业的危害

城市重大工业事故对工业企业的危害体现在以下三个方面。一是造成严重的经济损失。包括设备、设施、原料、成品等的损毁费用；遇难职工的赔偿费用；受伤员工的治疗康复费用；环境治理费用等。比如，张家口爆燃事故直接经济损失达 4148.8606 万元。二是损害企业形象。企业形象是一个企业保持竞争力的关键指标，重大工业安全事故的发生会在很大程度上影响企业形象。比如，张家口爆燃事故中，盛华化工公司不重视安全生产、不敢承担责任、忽视企业社会责任等行为严重影响了该企业的形象。三是重大工业安全事故频发，将会进一步加大邻避效应的出现，加剧公众对相关工业企业在生产安全、环境破坏等方面的恐惧感，这对于相关行业健康稳定发展是极为不利的。

4.4.2　城市重大工业安全事故对企业员工的危害

城市重大工业安全事故对企业员工的危害体现在以下两个方面。第一，造成人身伤亡。重大工业安全事故的发生往往会造成较大的人员伤亡。比如，广东省应急管理厅编著的《重特大生产安全事故 60 案例（2010—2019）》一书中，统计了 24 起重大工业事故，共造成 885 人死亡，2196 人受伤。第二，造成心理伤害。直接接触事故的员工面对惨烈的事故场景，心理受到的冲击是巨大的；面对同事死亡，还会产生严重的无助感和内疚感；对于那些受伤严重并致残的员工，心理伤害更是巨大的；间接受到事故影响及其他员工在以后工作中的心理压力将会增大，工作中的安全感将会降低。

4.4.3　城市重大工业安全事故对救援人员的危害

城市重大工业安全事故对救援人员的危害主要体现在以下三个方面。第一，造成人员伤亡。救援人员的工作是充满危险的，2015 年 8 月 12 日，天津港“8·12”特大爆炸事故，牺牲 104 名消防救援人员。第二，造成心理伤害。救援人员经常面临各种危险复杂的救援现场，面对惨烈的救援场景以及被救人员伤亡、同事伤亡的场景，会受到强烈的心理冲击与影响，出现无助感、愧疚感，心理压力和工作压力加大。第三，造成经济压力。受伤的救援人员不能正常工作，其家庭往往会出现较大的经济压力。

4.4.4　城市重大工业安全事故对职工及救援人员家属的危害

事故发生后，职工及救援人员家属心理压力将会增大，担心家人安危。尤其对于那些在事故中或救援中伤亡人员的家属来说，心理将受到严重的影响，经济压力也将增大。其他未受伤害的员工及救援人员家属的心理压力也会增大，担心家人工作的安全性。

4.4.5　城市重大工业安全事故对城市公众的危害

对于处在城市中的工业企业来说，由于安全距离不足、事故严重程度高、与城市生命线交叉等因素，重大工业安全事故的发生往往会间接地造成城市公众伤亡。部分城市工业安全事故发生后，会破坏城市的生命线系统，进而影响城市公众的正常生活秩序，同时会造成城市公众产生恐慌心理。比如，张家口爆燃事故发生后，附近居民出现受伤、出逃等情况。另外，城市重大工业事故的发生也会对城市公众的择业倾向造成一定影响，这对于一些高危行业人才引进是十分不利的。

4.4.6 城市重大工业事故对政府部门的危害

城市重大工业事故发生后，政府部门需要做好事故救援、信息发布、维稳等工作，如果缺乏有效的应急预案，应急救援不力，将会加大事故的影响范围和影响程度，从而让城市公众对政府的公信力产生怀疑，进而影响事故救援的有效性。

4.5 本章小结

城市突发事件的发生必然会造成一定的影响与危害，尤其对于严重的城市突发事件，将会在很大程度上造成经济损失、人员伤亡，很可能还会破坏城市的正常秩序。河北省地理区位特殊、人口密度较大、人口流动频繁、工业企业数量多，城市安全管理难度大，在京津冀协同发展、雄安新区建设过程中，城市突发事件造成的影响与危害将会进一步加大。如果河北省缺乏有效的安全管理、科学的应急管理计划，城市突发事件造成的影响将难以估计。

第5章 河北省城市安全标准化管理模式

通过前面章节分析发现，河北省城市在运行和发展过程中，面临着来自城市自然灾害、社会安全事件、公共安全事件以及事故灾难方面的威胁。同时，相关城市突发事件的发生往往会造成较为严重的影响和危害。因此，构建标准的城市安全管理模式，提升河北省城市安全管理水平是十分关键的。本章将基于河北省城市安全现状、安全管理现状及问题，在分析国内外典型城市安全管理模式的基础上，构建河北省城市安全标准化管理模式，并提出提升河北省城市安全管理水平的具体措施。

5.1 国外典型城市安全管理模式及经验

5.1.1 纽约城市安全管理模式

美国的公共安全管理制度相比较成熟，一直被西方世界奉为楷模。在组织体系上，建立了相对较为健全的专门管理机构。美国政府自上而下包括联邦政府、州政府、地方政府、各级政府都建立了专门管理公共安全的组织机构，各级管理机构分工明确、各司其职[139]。同时，一些非政府组织也参与到公共安全管理中，并且发挥了重要作用。在法律支撑体系方面，1934 年美国国会颁布的《洪水控制法》开启了公共安全管理立法的先例；1968 年颁布的《全国洪水保险法》首次将保险机制引入救灾领域；1974 年颁布的《灾难救济法》注重灾害的准备和减灾过程；2002 年通过了《国土安全法》，将恐怖主义的具体内容也纳入了法律程序。在资源支撑体系方面，美国国土安全部颁布了《国家应对预案》，对全国性的资源管理做了专门的资源管理规定，对资源的确认和分类、资源的需求和来源、资源的后续跟踪和报告以及资源的最后处置都做了详细的规定和计划[140]。在思想观念方面，建立了公众危机防范意识体系。美国十分重视公众灾难意识培养，在灾难准备和减除阶段，美国的公共信息管理部门就特意针对社区居民进行教育、告知、培育灾难应对与减除意识和知识，帮助公众在灾难来临前做好准备工作。

下面以纽约城市安全管理模式为例，分析总结美国的城市安全管理模式及特征。

（1）纽约城市安全管理的组织机构。1941 年纽约成立了市民防御办公室，1984 年该办公室更名为纽约市紧急事故处理办公室，1996 年该机构成为市长直属机构，2001 年年底升格为正式职能管理部门。该机构下设健康和医疗科、人道服务科、危机复苏和控制科、国土安全委员会 4 个工作单元。纽约市城市安全管理组织机构日常工作对象包括：建筑物的崩塌或爆炸、一氧化碳中毒、海岸飓风、传染性疾病暴发、地震、炎热酷暑天气、严寒天气、龙卷风、雷电、暴风雨、火灾、有毒或者化学物质泄漏、放射性物质泄漏、公用设施保障、社会秩序动荡、恐怖袭击等。

（2）纽约城市安全管理工作内容。纽约市紧急事故处理办公室日常的安全管理工作内容主要包括城市危机监控、城市危机处理以及与城市公众进行信息沟通三个方面（如图 5–1 所示）。

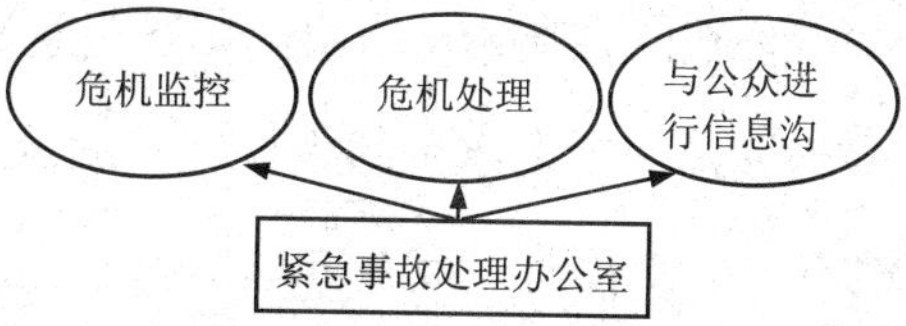

图5–1　紧急事故处理办公室日常工作内容

第一，城市危机监控。通过覆盖纽约五大区的信息系统，就地理状况、人口密度、基础设施、道路交通、建筑结构等提供详细数据和一目了然的示意图，一旦发生紧急事故，马上可以确定哪些地区的人口需要紧急疏散、哪些道路最安全等，并将接收到的相关信息传递到市政府、邻近的县、州政府、联邦政府的有关机构、有关非营利组织、公共设施经营方以及医院等医疗机构。

第二，城市危机处理。在城市危机事件或灾害爆发时，积极协调各个机构间的工作活动；对城市危机事件或灾害进行评估，确定其级别及危害程度；协调城市各类资源，充当城市危机处理指挥员以及协调参与处理危机或灾害的各个机构之间的联系中介。

第三，与城市公众进行信息沟通。在信息沟通方面包括两个方面的内容：一是在城市危机或灾害发生前，对公众进行安全教育，提高公众的危机准备能力和应对能力；二是在城市危机发生的时候，及时向公众传递真实、重要的危机或灾害信息，让公众第一时间了解城市危机或灾害的基本情况，从而采取有效的应对措施。

（3）纽约城市安全管理机制。在城市安全管理机制方面，纽约主要通过三阶段项目运作的方式，将监测预警、决策响应、动员协调等众多机制有效结合，构建了一套完整的城市安全管理机制体系。

第一，城市危机准备项目。为了有效应对各类城市突发事件，纽约市设计、开展了多项帮助城市公众和工商业界“做好准备”的项目。为了降低城市突发事件对城市公众的直接影响，针对城市社区构建了危机准备项目，确保在短时间内能够迅速动员市民的力量，帮助政府机构处理危机事件[141]。为了降低城市突发事件对工商业界的影响，紧急事故处理办公室提供各种信息服务，帮助工商业主针对可能对自己的业务造成影响的危机提前做好应对的准备。为了更好地应对可能发生的危机事件，紧急事故处理办公室针对各种危机事态的情形，设计并开展了许多训练和演习，培养能够对危机事件做出快速反应的专业人士。

第二，城市危机反应项目。为了确保城市危机发生时，能够做到快速反应和有效应对城市危机事件或灾害，纽约建立了一套危机后快速反应机制，包括城市危机管理系统、城市应急资源管理体系、“9·11”危机呼救和反应系统、移动数据中心、城市搜索和救援系统等。

第三，城市危机恢复项目。纽约市危机管理最后一个重要环节是帮助受到危机影响的个人、企业和社区尽快地恢复到原来状态。这个阶段从危机情况基本稳定一直延续到所有体系回归正常或者几乎回归正常为止。

（4）纽约城市应急预案。在应急预案建设方面，纽约具有完备的城市突发事件应急预案体系，与其他大多数城市一样，坚持以生命周期理论和社区可持续发展理念为指导设计应急预案。总体来说，纽约市城市应急预案具备标准化、与培训紧密结合、执行严格的制订程序、最大化地贴近实际、全面吸收非政府力量参与、保持连贯的常态化修订、完全社会公开化等特点。

5.1.2　伦敦城市安全管理模式

英国设有国家应急委员会、内阁设有国家应急秘书处、各有关政府部门设有专门应急管理机构。为解决国家层面与地方层面的衔接与协调，英国在国家层面和地方层面之间设立了专门的区域应急管理机构，用来整合地方资源，在国家层面和地方层面建立更加紧密的联系[142]。2001 年英国政府出台《国内突发事件应急计划》，主要内容包括：对可能引起突发事件的各种潜在因素进行风险评估；制定相应的突发事件预防措施；进行应急处理的规划、培训及演练；在突发事件出现后，快速做出反应进行处置，在应对过程中强调相关部门间的合作、协调和垂直部门间的沟通；城市突发事件处置结束后的恢复工作，总结应急处理的经验教训。下面以伦敦城市安全管理模式为例分析总结英国的城市安全管理模式与特征。

（1）伦敦城市安全管理的组织机构。伦敦作为英国政治、经济、文化和交通中心，其城市安全管理体制建设比较完善。伦敦市城市应急管理体制框架分为三个层面，分别是国家、地方和地区，便于形成决策、组织、指挥和协调的应急管理模式[143]。在国家层面上，设立了专门的伦敦应急事务大臣，监督伦敦重大违纪事项的准备工作和城市危机的应对工作。在地方层面上，伦敦市应急体制的主要组成部分包括伦敦应急服务联合会、伦敦消防应急规划署、伦敦应急小组、地方卫生署、伦敦应急论坛、市长办公室、大伦敦议会以及伦敦政府办公室等专门的管理机构。

（2）伦敦城市安全管理的工作内容。伦敦应急服务联合会平时负责城市的危机预警、制订工作计划、举行应急训练；城市灾难发生后，负责协调各方面的力量有效处理事务，并负责向相应的中央政府部门寻求咨询或其他必要的支援。伦敦消防应急规划署是整个城市应对火灾、地震等各种灾害的最重要的力量，能够提供多方面的救援措施，并建立了防灾教育体系，为城市公众提供帮助。地方卫生署负责城市救护车服务、急救服务及基本的医疗保障服务，并构建完善的公共卫生网络，网络中的各个机构在城市突发事件应对中各司其职，协调运动，形成了更为综合的突发公共卫生事件应对系统。伦敦应急小组主要负责做好伦敦城市各种灾害事件的准备工作。伦敦应急论坛主要负责监督伦敦应急小组的工作。市长办公室负责城市的战略管理问题，协调全伦敦范围内的行动；大伦敦议会在城市危机预防和危机应对中没有明确具体的职责，只是通过伦敦政府协会为地方政府提供必要的支持和援助。伦敦政府办公室主管伦敦应急小组，同时在城市危机预防和危机应对中协助相关政府部门开展相关工作。

（3）伦敦城市安全管理机制。伦敦的城市安全管理机制相对较为复杂，但是城市整体安全管理体系的运作十分有效。一是伦敦建立了长期性、制度性的论坛机制。该城市安全管理机制最大的特色是立足已有的机制和体制，建立了多样化的应急联动论坛，成为沟通和协调的主要机制。二是建立了瞬时反应的三级联动机制，具体包括铜色操作层、银色策略层和金色战略层三个层次等级，这三个层次分别对应城市突发事件不同阶段的工作任务和内容，对具体实践环节具有重要的指导意义。三是地方政府横向之间的合作机制。地方政府之间主要通过政府间签订互助救援协议、根据相关法律规定指定伦敦消防和应急规划署协调伦敦政府间的横向协作两种方式在横向上提升政府间的协作能力[144]。此外，伦敦还建立了业务持续性管理机制、社区合作机制、宣传教育机制等共同应对城市突发事件。

（4）伦敦城市应急预案。伦敦城市的应急预案体系相对完备，应急预案注重回应五个方面的城市安全问题：由谁负责指挥和协调应急响应、哪些主体负责提供城市灾害救助、哪些人员最有可能在城市灾害中受到伤害；城市灾害种类及防灾救灾资源的确定；确定流离失所人员的安置场所；明确灾害中启动应急预案的时机；确定使用应急预案的技巧。

5.1.3　东京城市安全管理模式

日本的灾害防治工作主要由各级防灾会议负责。中央防灾会议以首相为本部长，统一领导全国的灾害防治工作。中央防灾会议的职责是：准备和促进城市灾害管理计划的执行、赈灾管理计划的起草和灾害应急措施的执行，商讨灾害管理的有关事项，为首相和防灾大臣提供建议等[145]。日本的大规模灾害可以分为非常灾害和紧急灾害，都有相应级别的灾害应急对策，其中紧急灾害对策总部部长由首相担任，非常灾害对策总部部长由防灾大臣担任。下面以东京城市安全管理模式为例分析总结日本的城市安全管理模式与特征。

（1）东京城市安全管理的组织机构。为了适应国际都市建设的公共服务多样化以及改善现有城市防灾管理体系方面的要求，东京建立了知事直管型危机管理体制（如图 5-2 所示）。该危机管理体制主要设置局长级的“危机管理总监”，成立了常设机构“综合防灾部”，建立了一个面对各种危机时政府各相关机构统一应对的体制。

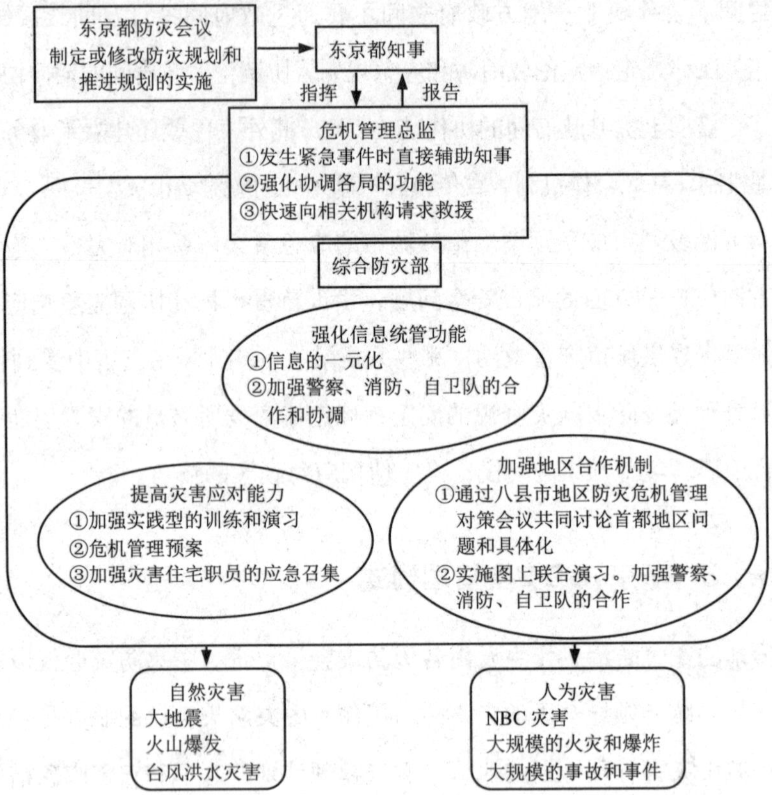

图5–2　东京的危机管理体制[146]

（2）东京城市安全管理的工作内容。危机管理总监汇总灾害各方面的信息向知事汇报，并在灾害发生时，听从知事的指挥、协调各局的应急活动并快速向相关机构请求救援。综合防灾部直接辅助危机管理总监，在组织制度上发挥三项主要功能：强化信息统管功能、提高危机事态和灾害应对能力、加强首都圈大范围的区域合作[147]。综合防灾部在日常工作中与警察、消防厅、自卫队建立良好的沟通和协调，整合各机构的信息，并不断充实实践型的训练危机管理预案，组织各种演习活动。

（3）东京城市安全管理机制。在安全管理机制上，东京建立了一套细致入微的风险防控工作指导体系，包括社区风险评估、全民安全风险教育、多元主体参与合作、风险信息公开、跨区域合作等一系列常规行动，这些行为中充分融合了安全风险防范的机制。此外，东京还对城市安全风险因素发生后政府内部一系列指挥协调运作机制如何展开问题，通过工作任务表等方式，进行非常细致的设计，并向社会公开。

（4）东京城市应急预案。东京的城市应急预案体系非常全面具体，对以往或将来可能出现的各类安全风险问题都制订了相应的预案，这些预案主要通过各种手册、规划或指南的形式体现，相关内容全部通过官方网站向社会公开[148]。为有效应对各类城市灾害，东京构建了系统连贯、规范明晰、相互衔接的预案体系，严格以风险分析与评估为前提开展城市应急预案设计，并学习欧美国家的风险管理经验，将“业务持续性管理”理念引入安全风险防范计划制定之中。

5.1.4　国外典型城市安全管理模式特征及经验总结

当前，发达国家重要城市的安全管理逐渐趋于多元化、立体化、网络化。城市安全管理工作分工越来越明确、应急预案越发完备、流程不断优化。纽约、伦敦、东京的城市安全管理模式对比分析结果[149]如表 5–1 所示。

表5–1　纽约、伦敦、东京城市安全管理模式对比分析

		纽约	伦敦	东京
管理理念		教会市民如何应对处理城市安全风险问题	合作政府，一体化管理	自救、互救、公救
管理方式	综合性	综合风险管理	综合风险管理	综合风险管理
	阶段性	全周期业务持续性管理	全周期业务持续性管理	全周期业务持续性管理
	能动性	主动式预防管理	主动式预防管理	主动式预防管理

续表

		纽约	伦敦	东京
体制	指挥中枢	紧急事故处理办公室	伦敦应急服务联合会（地方层面） 伦敦应急小组（地区层面）	综合防灾部
	权力地位	市政府作为组成部门之一，高配，实权	权力关系不够清楚，权力实现依赖于机制运行效果	局长级危机管理总监，高配，实权
机制	机制形式	机制系统整合，项目式运作	独特的、长期的、制度化的论坛机制及其他辅助机制	机制整合，类似项目式运作
	机制动力	法律、制度、合同	行政传统、制度	法律、制度、合同
预案		标准化、实用、公开	注重实用	全面、细致、实用、公开
政社关系定位		政府与社会合作	政府与社会合作	政府与社会合作
社会参与		政府引导，自主参与程度较高	政府引导，自主参与程度较高	政府引导，自主参与程度较高

通过对国外典型城市安全管理模式对比分析可以看出，国外城市安全管理工作取得了很大进展，在推动城市安全发展方面起到了关键作用。总体来看，国外城市安全管理形成以下鲜明特征。

（1）重视城市安全管理机构建设，成立了综合性的城市安全管理机构。在城市安全管理实践中，如何有效地协调政府各级部门、各地方的行动，消除条块分割、各自为政的现象，建立起一个统一指挥、协同互助、联动有效的安全管理机构，是有序开展城市安全管理工作的关键。发达国家城市已经建立起以政府为主导、多部门合作、社会团体与社会公众广泛参与的安全管理联动机制，在确保城市突发事件预防、控制、应对工作有序开展方面发挥了重要作用。

（2）安全管理体系不断完善，制定了完备的城市突发事件应急预案。城市突发事件具有突发性和不确定性，针对城市各类突发事件制定科学、完备的应急预案，可以有效地提高政府应对城市突发事件的反应速度和应对能力。发达国家建立了完备的安全管理体系，重视城市突发事件的预测预警、信息收集与共享、部门协调等方面的工作。建立了完备的人、财、物应急保障体系，组建了专业的救援队伍，形成了救援通信保障、物资保障、医疗保障、防疫保障、资金保障、安全保险及灾后重建保障为一体的社会保障体系。

（3）强调非政府组织的作用，实现了社会公众、社会组织的高度参与。发达国家在开展城市安全管理工作过程中，不仅政府积极参与，民众也通过非政府组织介入安全管理，形成政府、非政府组织、民众责任共担的城市安全管理体系。鼓励民间组织、社会公众广泛参与城市突发事件的预防与应对工作，除了靠政府动员广泛的人力、物力和财力资源之外，民间组织也在救灾和灾后恢复过程中发挥着重要的作用，已经成为政府主导力量的重要补充。

（4）重视城市突发事件应急演练，广泛普及安全与应急教育。安全培训和应急演练是提升应急管理人员、救援人员以及社会公众的有效方法。发达国家非常重视应急管理人员、救援人员以及社会公众的安全培训与应急演练，成立了专门的培训中心。通过各种安全培训和应急演练，不断提升各级应急管理人员、救援队伍的安全能力和业务水平；通过广泛的安全教育和应急教育，全面地普及了安全知识和应急知识，提升了城市公众的安全素养。从国外的情况来看，日常的安全教育、情景训练和危机应对演习，在有效预防和应对城市突发事件方面起到了不可估量的作用。

5.2 国内典型城市安全管理模式及经验

5.2.1 北京市城市安全管理模式

北京的城市安全管理模式是建立在相对独立、体系完整而庞大和应急反应机制高度发达成熟的各个安全管理部门的基础上的。北京市城市应急体制建设的基本框架简称“3+2”模式：“3”指的是市级应急管理机构、市属13个专项应急指挥部和18个区县应急管理机构；“2”指的是以110为龙头的市紧急报警服务中心和以市信访办12345为统一号码的非紧急救助服务中心[150]。

北京城市安全管理模式具有三个特点。一是决策中心集中，纵向单向授权，决策和执行有机融合。北京市突发公共事件应急委员会作为决策层，统一领导全市的突发公共事件应对工作。市应急指挥中心负责收集信息、处理信息、制定应急决策方案，执行市突发公共事件应急委员会的相关决定，统一组织、协调、指导、检查北京市突发公共事件的预防和应对工作。二是权责明晰，便于监督和究责。为了高效应对城市突发公共事件，分别确定了各应急管理机构和专项应急指挥部的第一责任人和主要责任人，并要求做到领导决策不能远离第一现场，专业应对不能远离第一现场。在日常监管过程中，要求建立全过程管理的责任体系，各级政府对本地区的安全工作负总责，安全责任分解落实到岗、到位、到人。三是依托中央集权行政体制，充分发挥集中统一优势。北京市安全管理模式中凸显了政府机关的主动地位，体现了很强的动员性。由北京市政府统一指挥协调所辖地区的中央机关、企事业单位，实现了城市安全管理过程中的集中领导、统一指挥、分级负责、分类执行，大大提升了城市安全管理的效率和质量。

5.2.2　上海市城市安全管理模式

上海市城市安全管理模式，是由市政府根据城市应急联动要求，授权应急能力极强的部门牵头联络政府相关应急部门联动办公、联合行动，进而快速构建城市应急联动系统[151]。上海市由公安 110 指挥中心作为牵头单位，建立了多级接警、多级处警、覆盖面广的安全管理指挥体系，各部门间协同合作具有机动性、灵活性。上海市应急联动中心设在市公安局指挥中心，明确了应急联动中心在市委、市政府的领导下，有效整合相关力量和社会资源，对城市突发事件进行处置。上海市城市应急管理组织结构如图 5-3 所示。

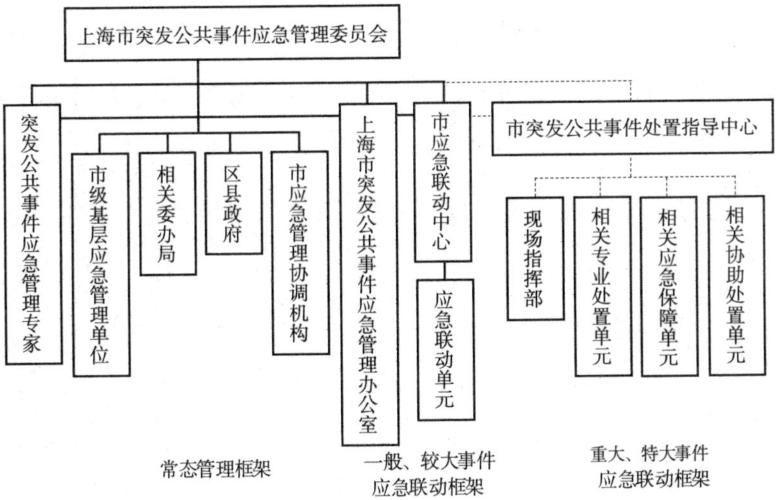

图5-3　上海市城市应急管理组织结构图

在常态情况下，上海市的城市应急管理工作是由相应的工作机构进行的。当发生一般或较大的城市突发公共事件时，由应急联动中心（设在上海市公安局）指挥城市应急管理工作，协调各应急联动单位进行应急处置，市应急管理委员会办公室作为整个应急处置的决策机构。一旦发生先期处置仍然不能控制的情况或是重、特大突发公共事件时，将成立市突发公共事件应急处置指挥部，统一指挥协调城市突发公共事件的应急处置工作。

5.2.3 深圳市城市安全管理模式

深圳的城市安全管理模式是以政府应急指挥中心为核心的统一应急机制模式。建立应急机制的思路是对原来相对独立的城市应急组织和资源进行了整合，建立了统一的应急指挥体系[152]。深圳城市应急组织机构大体上分为三个层次。一是设立应急处置委员会，负责统一领导全市突发事件预防和处置工作及组织处置特大突发事件，设立地震、核应急、交管等七个专业委员会，主要负责相关领域应急处置的协调指挥。二是在市委、市政府总值班室的基础上设立市应急指挥中心，作为应急处置委员会的办事机构，负责全市日常应急管理事务和对突发事件应急处置进行组织协调。三是在市公安局设立应急指挥中心，负责城市相关突发事件的应急处置工作。在应急响应运行机制上，深圳市实行分级管理。一般性城市突发事件由主管职能部门妥善处置；重大突发事件由市应急指挥中心组织处置，市应急指挥中心建立了可以观察500多个视频监控点的全市视频监控系统，指挥人员可以借助这一系统组织指挥城市突发事件的应急处置工作。

深圳市的这一组织结构表现出了良好的效果。一是应急指挥中心体现出高度的整合效果，使得政府领导人可以对各种危机进行统一的领导、指挥与协调。二是它体现了责任建设的效果，由于由专门的机构负责对城市危机事务的处理，各种责任可以得到落实，从而促使政府责任机制建设更加完善。三是这种结构体现了安全管理的连续性原则。这个体制包含了日常事务性管理和紧急状态下的应急管理，使之成为政府的经常性行为，较全面地保障了人民生命财产的安全。深圳市城市应急管理组织结构如图 5-4 所示。

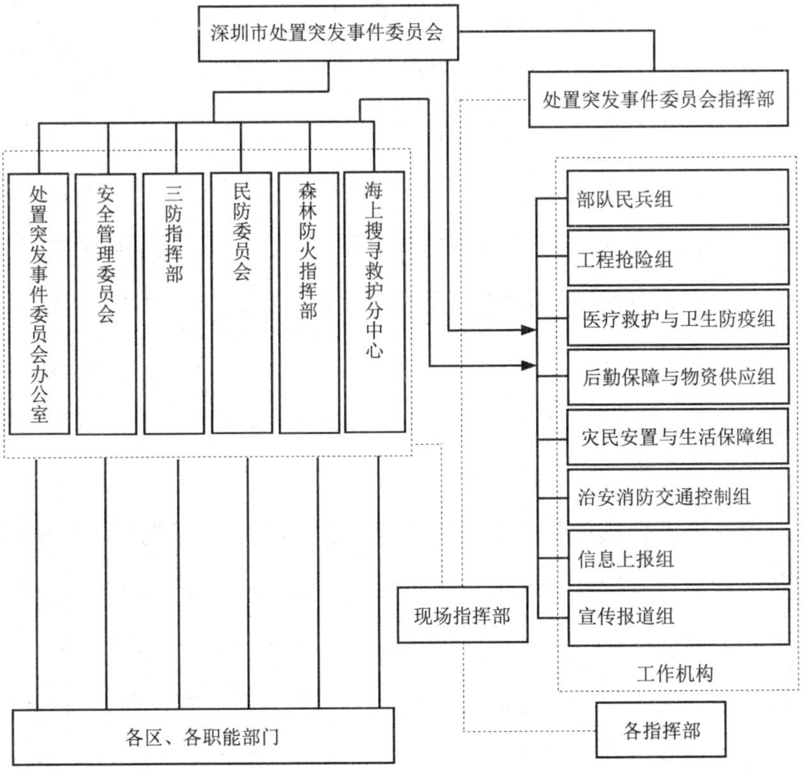

图5-4　深圳市城市应急管理组织结构[153]

5.2.4 兰州市城市安全管理模式

兰州市通过实行“民情流水线”管理模式，在畅通民意收集渠道、完善民事办理制度、打造便民利民平台、整合助民惠民资源等方面取得了显著成效。经过兰州市多个社区不断实践探索，逐渐扩展成为具有内涵丰富、特色鲜明、功能完善的街道社区管理服务体系，其核心是推行“12345 民情工作法”，即通过创造“一个平台”，实施“三维数字社区”集成管理系统，实现了多元异构数据的共享与集成，为街道社区工作建立了一个规范、统一、共享的数据管理与服务平台。同时，贯穿服务与监督“两条主线”分开，在社区为居民提供优质、便捷、高效的服务。另外，居民也参与其中，对服务情况进行有效监督，实现“社区—居民”双向互动。建立了“三个中心”，即民情呼叫中心、居民事务代办中心和信访代理中心，不仅服务了居民，帮助了弱势群体，还及时化解了各类社会矛盾和纠纷。规范了“四项流程”：在街道建立了政务大厅，在社区建立了居务大厅，按照民情受理、限期办结、公示反馈、跟踪监督的流水线工作方式，为居民群众提供“一站式”服务。健全“五项机制”：社区管理“三位一体”机制、楼院管理“六位一体”机制、干部管理三项机制、区域化党建共驻共建机制、特殊人群关爱机制。

兰州城市安全管理模式实现了以下创新。第一，兰州安全管理模式改变了传统的城市基层社会管理理念和方法。该模式体现了政府在社区层面的功能由目前的行政管理型向管理、服务与指导型转变，强化了各级政府在城市安全管理中的职能，提高了政府的行政效率，淡化了政府对社区组织的覆盖和过度干预，通过社区的组织和社会力量的合理利用来降低政府成本，从而达到从传统统治观念向治理和善治理念的更新。第二，兰州的城市安全管理模式不仅完善了社区自治组织的社区管理与服务功能，还实现了社区层面运行机制的整合；不仅理顺了社区各类管理与服务主体之间的关系，还优化了政府的公共服务体系。

5.2.5　南宁市城市安全管理模式

南宁市整合了政府和社会所有的应急资源，成立了专门的应急联动中心，代表政府全权行使应急联动指挥大权。政府牵头、一级接警、一级处警，统一协调各警种间的联动工作，统一配置无线资源，集中办公。南宁市应急管理机制的建设思路是通过全面的组织、资源和信息整合，充分利用现代通信技术，建立统一接警、统一指挥、联合行动的安全管理机制[154]。南宁市应急联动系统充分利用集成的数字化、网络化技术，将 110 报警服务台、119 火警台、120 急救中心、122 交通事故报警台、12345 市长公开电话、防洪、防震、防空以及水、电、气等公共事业应急救助纳入统一的指挥调度系统，共享各种资源，实现跨部门、跨警区以及不同警种之间的统一指挥协调，向城市公众提供紧急救助服务。大大提升了南宁市城市突发事件的应急处置能力。

南宁市城市应急机制的组织结构简单明确，分为市应急联动中心和联动部门两级，联动中心负责直接处置突发事件，具有越级指挥权、联合行动指挥权和临时指定管辖权，各联动部门按照联动中心的指令统一行动，进行应急处置和救援。

5.2.6　秦皇岛城市安全管理模式

秦皇岛市政府成立了秦皇岛市突发事件应急委员会，下设应急办公室。市突发事件应急委员会主要负责城市突发事件的预防、应急处置工作，批准市各专项应急预案，组织城市突发事件的应急演练工作。在可能发生突发事件时，发布预警信息，制定应对决策，协调解决城市安全管理中出现的相关问题。应急办公室主要负责秦皇岛全市突发事件应急管理工作的综合协调及相关的组织工作，建立城市应急工作机制和运行机制，负责督促检查应急救援队伍建设、专项应急预案的演练工作，负责收集城市的相关应急信息，分析整合后向市突发事件应急委员会报告，并传达市突发事件应急委员会的相关任务。

秦皇岛建立了城市突发事件的监测预警机制，并进一步加强基层突发事件救援队伍建设，不断整合壮大现有的信息员队伍，进一步保障了城市各类突发事件信息收集的正确性和准确性，这些措施对秦皇岛城市突发事件信息预测起到了重要作用。秦皇岛市建立了以市级应急预案为指导、26 个专项应急预案为辅助的应急预案体系，主要涉及城市供电、供水、供气、交通、食品、卫生、火灾、气象灾害、地质灾害等各个方面。为确保城市安全管理工作有序开展，秦皇岛构建了信息保障、应急队伍保障、治安保障、医疗卫生保障、交通保障、物资保障等综合保障体系。

5.2.7 国内城市安全管理模式存在的不足

国内城市安全管理模式存在的不足主要表现在以下四个方面。

（1）城市安全管理过多依靠政府，社会力量参与不足。城市是一个复杂的运行系统，城市的安全管理工作需要多方共同参与、共同努力才能完成好。当前国内城市安全管理工作的开展更多的是依靠政府，而社会组织和社会公众参与程度存在严重不足。城市安全管理应该广泛吸收社会团体、新闻媒体、公益组织等非政府组织，以及志愿者、社会公众的广泛参与，从而提高城市安全管理的综合能力。

（2）城市综合风险管理落实不深，重心偏应急处置。随着我国城市化飞速发展，城市面临的安全风险日益复杂。有效预防城市安全风险，将安全风险消灭于萌芽之中，从而有效避免城市安全风险的发生，是城市安全管理工作的关键内容。当前，城市的风险管理工作重点更多关注于城市安全风险的应急处置环节，缺乏城市安全风险的常态化管理动力和机制，进一步加强城市安全预防工作是城市安全管理工作的关键。

（3）城市安全管理组织机构不健全，缺乏协同性。城市安全管理组织机构涉及城市安全管理部门以及各级专项组织机构，部分机构在某种程度上存在重复交叉的情况，跨部门协调成本高，导致城市的安全管理与应急处置存在效率低下的问题。进一步优化城市安全管理组织机构，明确各部门职责与工作流程，加强各部门间有效协作是城市安全管理模式改进的重点工作。

（4）科技创新能力不足，现代技术应用有待加强。将最新技术、最新研究成果有效融入城市的安全风险管理，是提升城市安全管理水平的有效保障。当前，我国城市的安全管理需要进一步加强现代技术的开发与应用。应用网络技术、大数据等现代技术，提升城市安全风险的预测、预警和预报能力，有效监测、收集城市在流动人口、基础设施、食品卫生、自然灾害等方面的数据、信息，为城市安全管理决策提供有效支撑，将成为城市安全管理的重要保障内容。

5.3 河北省城市安全标准化管理模式构建

5.3.1 河北省城市安全标准化管理模式总体框架

在系统分析、总结国内外典型城市安全管理模式与特征的基础上，本研究构建了如图 5–5 所示的河北省城市安全标准化管理模式总体框架。该城市安全管理模式以城市安全风险治理为核心，基于系统思维，强调城市的全过程、全方位、全员安全管理。从城市安全风险辨识、风险评估、风险应对、风险监控、应急救援五个关键点，对城市安全风险进行综合治理。该城市安全标准化管理模式更加突出城市的风险预防，强调将风险消除于萌芽状态，同时也重视城市灾害应急救援的重要性，从而构建完备的应急救援体系，以有效应对城市突发事件的发生，有效降低城市风险损失与影响。

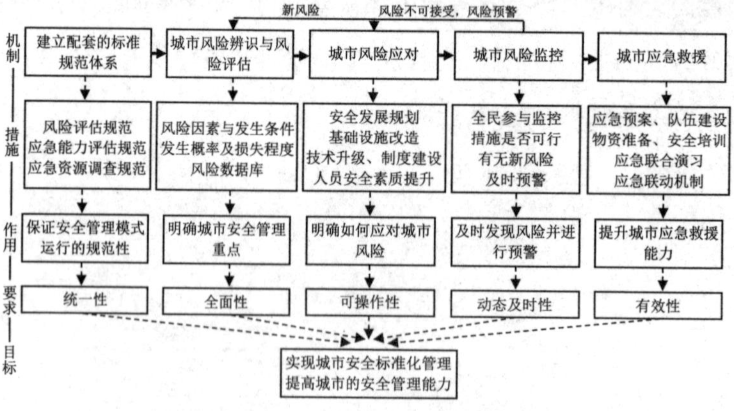

图5–5　河北省城市安全标准化管理模式总体框架图

5.3.2　河北省城市安全标准化管理组织机构

5.3.2.1　河北省城市职能管理部门

城市是一个复杂的系统，各类生活、生产、服务系统相互影响程度不断加大，一旦发生城市突发事件，往往会对多个系统造成破坏。由河北省各市政府官网可以查得各个城市的相关管理部门如下：市政府办公室、市发展改革委、市教育局、市科技局、市民族宗教局、市公安局、市民政局、市司法局、市财政局、市人力资源和社会保障局、市建设局、市自然资源和规划局、市住房保障房产管理局、市城管执法局、市交通运输局、市水利局、市商务局、市工业和信息化局、市卫生健康委员会、市审计局、市国资委、市税务局、市生态环境局、市体育局、市统计局、市场监督管理局、市林业局、市应急管理局、市人防办、市地方金融监督管理局、市气象局、仲裁委、市文化广电和旅游局、市住房公积金管理中心、市邮政管理局、市行政审批局、市扶贫办、市供销社、市贸促会、市投资促进局、市机关事务管理局等 41 个职能管理部门。城市安全管理工作的顺利完成与上述各个单位都有一定的关系，需要各单位各司其职完成相应工作的同时，加强合作与交流，共享相关安全信息。

5.3.2.2　河北省城市应急管理部门

通过河北省各市的应急管理局官网可以查得各个城市的应急管理职能部门及其职责如下。

（1）办公室（新闻宣传处）。负责机关日常运转，承担信息、安全、保密、信访、政务公开、重要文稿起草等工作。负责部门预决算、财务、装备和资产管理、内部审计工作。负责机关和所属事业单位离退休干部工作，指导全市应急管理系统离退休干部工作。承担应急管理和安全生产新闻宣传、舆情应对、文化建设等工作，开展公众知识普及工作。

（2）应急指挥中心（风险监测和综合减灾处）。承担应急值守、政务值班等工作，拟订事故灾难和自然灾害分级应对制度，发布预警和灾情信息，衔接解放军和武警部队参与应急救援工作。建立重大安全生产风险监测预警和评估论证机制，承担自然灾害综合监测预警工作，拟订自然灾害风险管理制度，组织开展自然灾害综合风险与减灾能力调查评估。

（3）人事培训处（教育训练处）。负责机关和所属单位干部人事、机构编制、劳动工资等工作，指导应急管理系统思想政治建设和干部队伍建设工作，负责全市应急管理系统干部教育培训工作，负责全市安全生产培训工作，负责应急管理方面的国际交流合作。拟订全市综合性应急救援队伍管理保障办法并组织实施，拟订综合性消防救援队伍干部的教育培训规划、计划，指导应急救援队伍教育训练，负责所属培训基地建设和管理工作。

（4）救援协调和预案管理处。统筹应急预案体系建设，组织编制全市总体应急预案和安全生产类、自然灾害类的专项预案，综合协调各类应急预案的衔接工作，承担预案演练的组织实施和指导监督工作，承担全市应对较大灾害指挥部的现场协调保障工作，统筹应急救援力量建设，指导各级应急部门及社会应急救援力量建设，组织指导应急管理社会动员工作。

（5）火灾防治管理处。组织拟订地方性消防法规草案和技术标准并监督实施，指导城镇、农村、森林、草原消防工作规划的编制并推进落实，指导消防监督、火灾预防、火灾扑救等工作。

（6）防汛抗旱处。组织协调水旱灾害应急救援工作，协调指导重要江河湖泊和重要水利工程实施防御洪水、抗御旱灾调度和应急水量调度工作，组织协调台风防御工作。

（7）危险化学品安全监督管理处。负责化工（含石油化工）、医药、危险化学品和烟花爆竹的安全生产监督管理工作，承担危险化学品的安全监督管理综合工作，组织指导全市危险化学品登记，指导非药品类易制毒化学品的生产经营监督管理工作。

（8）非煤矿山安全监督管理处。负责非煤矿山（含地质勘探、尾矿库）、石油（炼化、成品油管道除外）行业安全生产监管工作。拟订相关行业的安全生产规程、标准，指导监督相关行业企业安全生产标准化、安全预防控制体系建设等工作。

（9）工商贸行业安全监督管理处。负责冶金、有色、建材、机械、轻工、纺织、烟草、商贸等工商贸行业的安全生产监管工作，拟订相关行业的安全生产规程、标准，指导监督相关行业企业安全生产标准化、安全预防控制体系建设等工作。

（10）安全生产综合协调处。依法依规指导协调和监督有专门安全生产主管部门的行业和领域安全生产监督管理工作，组织协调全市的安全生产检查以及专项督查、专项整治等工作，承担安全生产巡查、考核的组织实施工作。负责全市无人看管铁路道口的安全监督管理工作。

（11）救灾和物资保障处。承担灾情核查、损失评估、救灾捐赠等灾害救助工作，拟订应急物资储备规划和需求计划，组织建立应急物资共用共享和协调机制，组织协调重要应急物资的储备、调拨和紧急配送，承担相关救灾款物的管理、分配和监督使用工作，会同有关方面组织协调紧急转移安置受灾群众、因灾毁损房屋的恢复重建补助和受灾群众生活救助等。

（12）政策法规处。组织起草相关法规草案、规章和标准，负责执法监督综合性工作，指导应急管理系统法治建设，组织开展普法活动，承担重大政策研究工作，承担规范性文件的合法性审查和行政复议、行政应诉等工作。

（13）规划科技和信息化处。编制全市应急体系建设、安全生产和综合防灾减灾规划并组织实施，研究拟订相关经济政策，推动应急重点工程建设。承担应急管理和安全生产、防灾减灾救灾技术服务机构的监督管理工作，负责安全生产检测检验、安全评价、安全标志中介机构的资质管理并监督检查。承担应急管理、安全生产的科技和信息化建设工作，规划信息传输渠道，健全自然灾害信息资源获取和共享机制，拟订有关科技规划、计划并组织实施。

（14）调查评估和统计处。依法承担生产安全事故的调查处理工作，监督事故查处和责任追究情况，组织开展自然灾害类突发事件的调查评估工作，负责应急管理统计分析工作。

（15）煤炭安全监督管理处。负责煤炭生产监督管理工作，负责拟订煤炭行业地方性法规草案、技术规范、标准，并组织实施。组织煤炭行业教育培训。负责煤炭淘汰落后产能和煤矿关闭退出等工作。负责煤矿安全生产监督管理工作，组织指导煤矿安全生产风险辨识管控和隐患排查治理工作，指导监督煤矿灾害防治，指导监督煤矿安全生产标准化、安全预防控制体系建设等工作。

（16）地震监测预报处。管理地震台网（站）；负责开展地震活动和地震前兆信息的分析处理，提出预测意见，强化震情跟踪；开展地震异常核实；负责地震监测设施和地震观测环境保护工作；管理群测群防和“三网一员”建设工作；负责地震监测网络的管理、维护。

（17）地震和地质灾害防御救援处。负责组织指导全市地震灾害综合预防和应急救援工作，推动避难设施建设并参与管理。负责地震小区规划工作；负责建设工程抗震设防要求和地震安全性评价工作监督管理，指导县、市（区）民居抗震设防工作。指导协调地质灾害防治相关工作，组织重大地质灾害应急救援。

上述城市应急管理职能部门是针对城市各类多发、突发事件，从应急物资筹备、应急预案建设、应急人员培训、城市灾害监控预警、城市灾害救援等方面设置的。针对城市灾害事件不断增加、灾害事件交互影响的危害不断增强、灾害影响范围逐渐加大的特点，各应急职能部门需要不断加强横向协调，共同分析、评估城市的安全风险，共同应对城市面临的各项安全问题。

5.3.2.3　河北省城市安全管理组织构建

为了从更高层次整合城市的公共安全资源，提高城市资源的安全配置效率，借鉴国内外城市安全管理组织的建设经验，对比分析各类城市安全管理组织体系的优缺点，从城市安全可持续发展的战略高度以及城市全局稳定发展的角度出发，构建了如图 5–6 所示的城市安全管理组织框架。

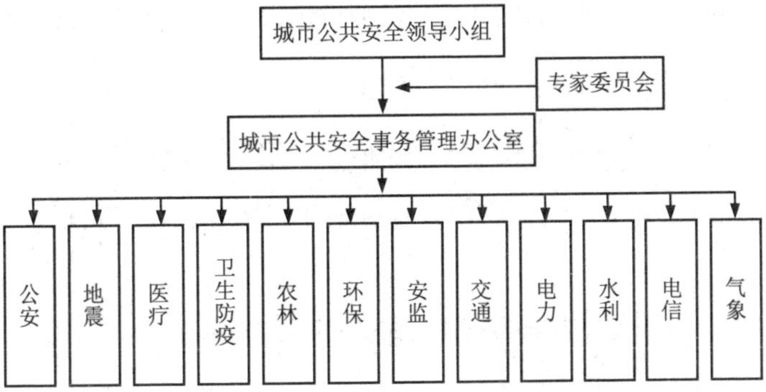

图5–6　河北省城市安全管理组织框架

以上构建的河北省城市安全管理组织框架包括三个核心层次。

第一个层次是城市公共安全领导小组。该小组由市长任组长，其成员由政府有关部门负责人组成。该层次的职能是统筹城市安全发展，制定城市安全发展目标、城市安全发展战略、城市安全发展规划，协调处理城市跨地区、跨行业、跨部门的重大安全问题。

第二个层次是城市公共安全事务管理办公室。该办公室是城市公共安全领导小组的常设下属办公机构，是政府指令与各单位安全管理部门的纽带和桥梁。下面设置城市应急管理中心、规划处、政策法规处、救援协调和预案管理处、人力资源与宣传教育处等部门。其核心任务是对城市公共安全进行综合管理、制定公共安全规划、制定城市突发事件应急预案、制定公共安全有关法规政策、协调优化城市各类公共安全资源、协调城市各个职能部门，保证城市安全运行，并对突发事件做出有效救援。

第三个层次是城市运行的各个专业管理部门，具体包括公安、地震、医疗、卫生防疫、农林、环保、安监、交通、电力、水利、电信、气象等专业管理部门。这些部门除了做好日常管理工作，保障相关活动顺利开展的同时，还要从专业角度承担起各部门业务范围内的包括风险分析、风险评估、措施制定、措施落实、风险监控与预报、安全宣传等安全工作。

需要特别说明的是城市在安全管理过程中，一定要重视专家委员会的宝贵意见。在对城市安全风险进行辨识、评估，提出应对措施，以及评判城市灾害耦合、扩散的影响与危害评估时一定要咨询相关专家建议，通过充分论证，做到科学无误，将误差降到最小，将损失降到最低。

5.3.3 河北省城市安全标准化管理流程

河北省城市安全标准化管理流程以城市风险治理为核心，遵循“建立城市配套的标准体系→辨识与评估城市风险→制定城市风险应对措施→监控城市风险→开展城市应急救援”的流程开展河北省城市安全管理工作。

5.3.3.1 建立城市配套的标准体系

要形成标准化的城市安全管理工作，首先要明确城市安全管理的目标，并建立配套的安全管理标准体系，从而保障城市安全管理模式运行的规范性，确保各项安全管理工作的统一性。

（1）风险评估规范。河北省城市安全管理模式是以风险管理为核心的，因此，在开展相关工作之前必须确定好风险评估的相关标准。一是确定城市各类安全风险评估的人员构成、相关人员的职责、安全风险评估的方法、安全风险评估的核心流程等。二是确定城市各类风险等级的判定依据和划分标准，确保城市安全风险等级划分准确、科学、合理。三是确定各类城市安全风险承载体的风险可承受能力，明确各个主体风险的承受范围。四是结合现有资源，初步确定各类城市风险可采取的应对措施。

（2）应急能力评估规范。安全管理的目标是尽量将城市安全风险消灭于萌芽状态、成灾之前。但是，做好必要的城市突发事件应急救援准备也是十分必要的，这是有效救援城市灾害、降低城市灾害损失的基础保障。因此，在开展城市安全管理工作之前，为了确保城市灾害事件发生时能够做到快速有效的灾害救援，科学评价救援队伍的应急能力是十分关键的。首先，要确定应急救援队伍应急能力评价的主体及各主体的职责；其次，要确定应急救援队伍应急能力评价的方法与流程。

（3）应急资源调查规范。应急资源是城市灾害应急救援的基础和必要保障，对城市应急资源进行有效的调查，明确城市现有应急资源的种类、数量、供应来源、供应方式、管理状况等十分关键。在开展城市安全标准化管理之前，应该制定明确的应急资源调查规范，从而开展有效的应急资源调查工作，明确现有城市应急资源状况，为城市灾害应急救援奠定基础。

5.3.3.2　辨识城市安全风险

以风险管理为核心的城市安全标准化管理工作，首先要明确城市具体面临哪些安全风险，也就是要开展城市风险辨识工作。

（1）城市风险辨识的内涵。城市风险辨识指的是通过一种或几种方法，尽可能全面地识别出影响城市安全运行总目标实现的各类安全风险，并恰当地对识别出的风险进行分类。对于城市这个复杂的系统来说，在开始风险辨识时，单独使用一种辨识方法很难将可能存在的所有风险辨识出来，因此，必须综合采取多种辨识方法进行城市风险辨识。需要进一步强调的是，城市风险因素的识别是城市安全管理一切工作的起点和基础，只有将影响城市安全目标实现的所有风险全部辨识出来，风险管理者才能开展下一步的城市风险管理工作。

（2）城市风险辨识的方法。

第一，专家调查法。专家调查法指的是以城市风险管理相关权威专家为索取信息的重要对象，借助各领域专家的专业理论知识和丰富的实践经验，找出城市内各个领域中存在的各种潜在风险因素，并对各个风险产生的后果做出初步的分析和估计。关于专家调查法，具体细分的话有十余种方法可以应用，其中专家主观判断法、智暴法（头脑风暴法）和德尔菲法是用途较广、具有代表性的风险辨识方法[155]。专家调查法的风险辨识结果虽然会受到各个专家心理因素的影响，但是在缺乏足够统计数据和原始资料的情况下，应用该方法可以对城市安全风险做出有效的定量估计，从而判断城市的安全风险状况，进而制定城市风险管理决策。

①专家主观判断法，指的是根据城市风险辨识目标，将收集到的城市风险相关资料、信息等通过邮件、微信、QQ 等方式传达给所选取的相关专家，然后，专家根据自己的知识、经验，通过分析后给出城市风险的辨识结果。这种方法的优点是受外界影响较小，相关专家没有心理压力，可以最大限度地发挥个人的创造能力，提出自己的观点。

②智暴法（头脑风暴法），是一种通过刺激创造性、产生新思想的方法。这种方法首先要明确城市风险辨识的目标，根据目标选取一定数量的专家，并将各位专家召集在一起，将解决的问题信息传达给各个专家，各

个专家根据自己的知识和经验，针对所给问题提出自己的观点[156]。需要注意的是，在整个过程中各个专家之间是不进行讨论的，也不对其他人的观点做出判断性评论。这种方法更注重的是想出城市安全风险的数量，而不是风险的质量。通过专家之间的信息交流和相互启发，从而诱发专家们产生“思维共振”，以达到互相补充并产生“组合效应”，从而获取更多城市的未来信息，使预测和辨识的结果更为准确、科学。

③德尔菲法。这种方法的做法是：首先，确定要辨识的城市风险目标。其次，选定与该目标有关的专家，并与这些适当数量的专家建立直接的函询关系，通过函询方法收集相关专家的意见。再次，对收集的专家意见进行综合整理，再反馈给各位专家。从次，征询上述专家意见，再集中整理，再反馈，这样反复多次，逐步使各位专家的意见趋于一致。最后，得出城市风险辨识的最终结果[157]。德尔菲法有以下几个特点：一是在城市风险辨识过程中发表意见的各位专家互相匿名，从而避免公开发表意见时各种心理对其他专家造成影响；二是组织方在对各种意见进行统计整理时，必须将收集整理的信息尽量客观、准确地反馈给各位专家，以供其参考；三是这种方法使得各位专家意见有反馈地进行反复交换，各种意见互相启迪，从而确保最终得到的城市风险辨识结果更加客观、全面；四是由于进行意见反馈、整理、再反馈的过程要经过几轮工作才能完成，所以应用德尔菲法进行城市风险辨识持续的时间比较长，花费的费用也相应较高，这是该方法应用的一大缺点。

第二，案例分析法。案例分析法是一种基于历年城市风险案例，通过对以往案例的统计数据进行整理、分析，结合相关应急预案、风险知识、应对措施等，对该城市常见的城市风险进行系统梳理和排序的风险辨识方法。通过这样的统计分析，就可以辨识可能出现的城市风险因素，从而掌握哪些潜在的风险因素将导致城市风险事件的发生，哪些风险因素需要重点关注等。案例分析法是基于城市实际案例进行分析的，分析过程比较直观、可信度高。但是，案例分析法的缺点在于，在偏重案例分析的过程中极易忽略其他可能存在的，但是未导致城市历史风险案例的风险因素。因此，在使用案例分析法进行城市风险辨识时，需要结合其他方法才能保证城市风险辨识的完整性、准确性。

第三，安全检查表法。安全检查表法是进行城市系统安全风险分析和辨识的基本方法，该方法也可用于风险隐患排查工作，将一系列内容列到检查表内进行统计分析，从而确定系统的风险状态。在利用安全检查表进行风险隐患排查工作时，首先要针对具体分析的问题事先拟好问题清单，然后依据专业经验、标准、流程或法规等设计检查表，进而查找城市突发事件的安全隐患。

安全检查表是将被评估的城市系统进行深入剖析，分成若干单元或者层次，列出各个单元或层次的危险因素和隐患，然后确定检查项目，把检查项目按照单元或层次组成顺序编制表格，以提问或者现场观察的方式确定各个检查项目的风险状况并填写到表格对应的项目上，从而对被检查对象的风险隐患做出综合评价。

安全检查表法的一个优点是：由专业的、经验丰富的人员来制定，可以帮助那些缺乏经验的人员开展风险分析[158]。但是该方法也存在一定的缺点：在进行风险辨识时完全依赖于检查表的设计，如果制定检查表的设计人员出现失误，致使风险列举不全，就会导致整个城市风险辨识出现遗漏的情况，这对于城市风险辨识是十分不利的。

（3）城市安全风险辨识的流程。城市安全风险辨识的流程如图 5–7 所示。

图5-7　城市风险辨识的流程

第一，收集资料。收集资料是城市风险辨识的第一步，也是最为关键的一个环节。该环节主要是收集与城市各类风险相关的各类计划、规范、文件、环境信息、风险应对措施等资料。在收集各类资料时要做到所收集的资料的真实性、全面性。

在资料收集过程中，城市自然灾害、事故灾难、公共卫生事件和社会安全事件四大类事件可能涉及如下城市部门和资料。

①自然灾害类：涉及民政、国土、交通、水利、农业、林业、气象、地震等部门。收集的资料包括：城市以往各类自然灾害相关数据，如暴雨次数、雪灾次数、洪水次数、干旱次数、内涝次数、冰雹次数、高温次数、地震次数、滑坡次数、泥石流次数、森林火灾次数、生物病虫害次数等；各类灾害的防控措施及效果，各类抗灾工程人力、财力、物力等配置情况；城市各类承灾体情况，如人口数量、人口密集度指数、城市经济总量、生命线工程数量、建筑物面积、建筑物密度、植被面积比、基础设施数量与强度、工程设施质量等；城市各类灾害的影响状况，如直接经济损失、间接经济损失、人员伤亡数量、环境破坏情况等。

②事故灾难类：涉及安监、经贸、公安、建设、交通、信息产业、农业、环保、质监、旅游、国防科工、民航、气象等部门。收集的资料包括：历年各类事故灾难种类、数量、死亡人数、受伤人数、经济损失等；各类事故灾难的防控资料，包括安全人员投入情况、安全技术投入情况、安全法规情况、安全管理措施等。

③公共卫生事件类：涉及卫生、农业、林业、商务、工商、质监、药

监、出入境检验检疫等部门。收集的资料包括：历年城市各类突发公共卫生事件数量、患病人数、死亡人数等；公共卫生事件危险因素情况，如生物性因素种类和数量、物理性因素数量和来源、化学性因素数量和来源、社会—心理—行为因素状况等；公共卫生预防与控制情况，如各类人群的比例和数量、公共卫生配套服务体系情况、公共卫生事件的监控和预警情况、公共卫生事件的应对能力等。

④社会安全事件类：涉及公安、发展改革、教育、民政、民族宗教、人事、国土、建设、商务、环保、信访、人民银行、银监、证监等部门。收集的资料包括：城市历年发生的社会安全事件种类、数量、死亡人数、财产损失状况等；失业率、贫困率、居民人均收入、通货膨胀影响率等经济指标；政策变动频率、干部贪污渎职情况等政治指标；犯罪率、离婚率、人口流动率、暴力事件、宗教事件等社会指标等。

第二，辨识风险。以城市安全发展为目标，对收集的相关资料进行系统分析，从而辨识出城市中存在的各类风险因素。

①自然灾害类常见风险因素。地质条件复杂、气候和水文条件异常、相关部门管理不到位、监测设施不足、城市基础设施存在缺陷、灾害应对措施欠缺等。

②事故灾难类常见风险因素。企业生产条件复杂、安全培训不到位、安全管理不到位、安全监管力度不够、安全投入不足、主要业务人员不称职、人员配置不合理、工作不积极、安全意识不强、城市道路安全设施不足、道路维修不及时等。

③公共卫生事件类风险因素。相关部门人员配置不合理、相关部门卫生管理不善、城市卫生条件差、城市卫生医疗机构不足、城市人口密度大、城市居民卫生意识不足、居民卫生习惯不佳、城市卫生健康知识普及

不够、城市卫生防疫措施不当等。

④社会安全事件类风险因素。城市法治宣传不足、城市居民法治观念差、城市人口流动性大、城市治安管理能力不足、城市失业人口多等。

第三，形成初步风险清单并分类。对上述城市风险辨识结果进行初步分类，并确定各个风险因素的风险性质。比如，可以将上述风险因素做如下分类：政治风险、经济风险、技术风险、自然风险、组织风险、人员风险、管理风险。

5.3.3.3　评估城市安全风险，确定城市风险大小

在辨识出城市存在的各类风险因素以后，需要进一步评估所确定的各类风险，确定各个风险发生的概率，以及各个风险发生以后对城市生产、生活的影响程度，并对各个风险按大小排序，确定出城市面临的较大风险有哪些，进而明确城市安全管理的重点。

（1）城市安全风险估计。城市安全风险估计指的是通过定性或定量的方法估算城市单个风险发生的概率大小及对城市安全运行的影响范围和程度，并分析各个风险之间的相互影响程度。城市安全风险估计的过程如图 5-8 所示。

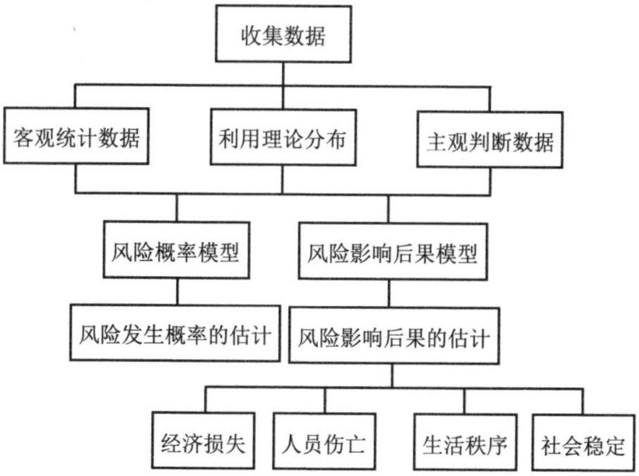

图5-8　城市安全风险估计的过程

城市风险估计主要是根据收集的客观数据和主观判断数据，利用理论分布建立城市风险概率模型和城市风险影响后果模型。建立风险概率模型的目的是通过模型对城市各个风险发生的概率进行估计；建立风险影响后果模型的目的是通过模型估计城市各个风险的影响后果，具体包括城市风险发生后造成的经济损失有多大、会造成多大的人员伤亡、对城市居民的生活秩序有何影响、对社会稳定性有多大程度的影响等。

（2）城市安全风险评价。

①城市风险评价的内涵与目的。城市风险评价指的是在城市风险辨识和估计的基础上，综合考虑城市公共风险属性、风险管理的目标和风险主体的风险承受能力，确定城市风险和风险处置措施对整个城市系统的影响程度的全部工作。城市风险评价的主要目的包括以下几点。一是从城市安全系统整体出发，弄清各个风险事件之间确切的因果关系。因为，从表面上看起来，不相干的风险事件常常是由一个共同的风险源造成的。二是考虑各种不同城市风险之间相互转化的条件，研究如何才能将威胁转化为机会。分析两个或两个以上城市风险叠加的可能性，以及叠加后的危害性。三是进一步量化已辨识风险的发生概率和后果，减少城市风险发生概率后果估计中的不确定性。必要时根据城市形势的变化重新分析风险发生的概率和可能产生的后果。

②城市风险评价的内容。城市风险评价的内容包括确定城市单个风险的风险等级、确定城市的整体风险水平、确定城市风险的可接受区域、考虑城市风险相互转换的条件四个方面，如图 5–9 所示。

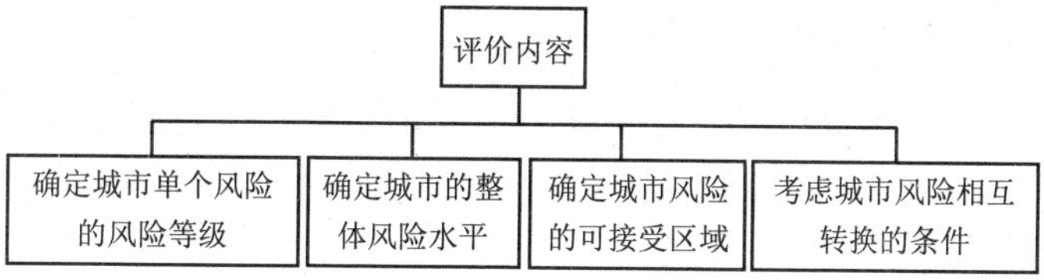

图5-9　城市风险评价的内容

确定城市单个风险的风险等级。根据城市风险估计结果，进一步综合相关资料确定各个单个城市风险的风险等级。城市风险等级的确定如图 5-10 所示，城市单个风险的大小是由城市风险发生概率和城市风险损失大小两个方面确定的。明确相关城市单个风险等级后，对辨识出的各个风险由大到小排序，从而得到城市面临的关键风险。

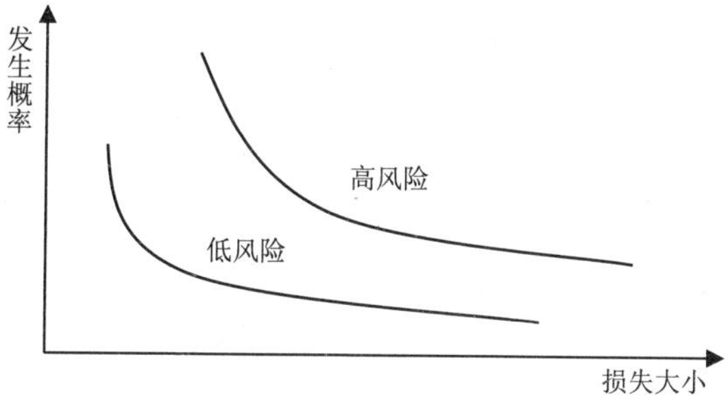

图5-10　城市风险等级

确定城市的整体风险水平。综合考虑各类城市风险中的单个风险，分别确定城市自然灾害、城市事故灾难、城市公共卫生事件、城市社会安全事件等风险的整体风险水平，以及整个城市的风险水平。城市整体风险水平的确定能够为城市安全管理人员提供决策支持。

确定城市风险的可接受区域。不同城市应对风险的能力是不一样的，因此，明确城市风险的可接受区域是十分重要的。根据城市单个风险等级、城市整体风险水平以及城市应对风险的能力，综合确定城市的风险可接受区域，明确城市能够承受多大的单个风险和整体风险，进而为城市单个风险和整体风险的监控提供依据和标准。

考虑城市风险相互转换的条件。在城市管理越来越复杂化的情况下，在某些因素诱发下，单个城市风险在发展过程中，可能会转换为其他风险，进而造成更大的风险损失。因此，综合分析城市风险之间的转换条件，并做出针对性的应对措施，对于控制城市风险发展、转换，降低城市风险损失具有重要意义。

③城市风险评价的工作步骤。城市风险评价主要包含以下三个工作步骤。

第一步：确定城市风险的评价基准。根据城市安全风险的特征和城市应对风险的能力，确定城市单个风险和城市整体风险的评价基准，明确城市的风险承受能力，包括单个风险的承受能力和整体风险的承受能力。

第二步：计算城市的风险水平。通过数学模型或其他分析方法，计算城市的整体风险水平和单个风险水平。

第三步：城市风险比较。城市整体风险水平与整体风险评价基准比较，城市单个风险水平与单个风险评价基准比较，从而明确城市单个风险和整体风险是否在城市的风险可接受范围之内，确定整体风险和单个风险的风险等级，并按照严重程度进行排序。

④城市风险评价的方法。

主观评价法。主观评分法一般取 0 到 10（0 代表没有风险，10 代表最大风险）之间的整数，然后由城市风险管理人员和各方面的专家进行评价，为城市每一单个风险赋予一个权重；把各个权重下的评价值加起来，再同风险评价基准进行比较，从而确定城市的风险等级。为保证评价结果的准确性，主观评价需要多次完成，每次完成后需要对评价结果进行统计处理。对评价结果进行统计处理是对所有专家评价的结果进行适当分组，然后考虑专家的权威程度，分别确定专家权重；最后计算每组专家的比重，该比重为评价结果在该组的专家权重和，可以选取比重值最大的组中值作为下一轮评价的参考数值。

层次分析法。1973 年，美国著名运筹学家 Saaty T.L. 提出了层次分析法（Analytical Hierarchy Process，AHP）。该方法是一种定性分析和定量分析相结合的评价方法，提供了一种灵活的、易于理解的风险评价方法[159]。该方法的应用步骤是：首先，根据问题和要达到的风险管理目标，把复杂问题的各种影响因素划分成相互联系的有序层次，形成一个多层次的分析结构模型；其次，根据客观实际进行判断，给每一层次各元素两两间相对重要性以相应的定量表示，从而构造出判断矩阵；最后，用特定的数学方法，如特征值法、最小二乘法等求出各因素的相对权重，从而确定了全部要素相对重要性次序以及对上一层的影响程度。

灰色综合评估法。信息部分已知、部分未知的系统称为灰色系统。灰色系统理论是研究解决灰色系统分析、建模、预测和控制的理论[160]。它把控制论的观点和方法延伸到复杂系统中，将自动控制与运筹学的数学方法相结合，研究了广泛存在于客观世界中具有灰色性的问题。灰色系统理论研究的是贫信息建模，它提供了贫信息情况下解决系统问题的途径和方法。风险信息通常都不是完全确知的，因此，可将灰色系统理论应用于风险评估。灰色系统理论解决风险问题的具体步骤如下。首先，用累加生成法和累减生成法对原始数据进行处理。其次，根据生成数建立起灰色模型。再次，对确定的模型用残差检验法、后验差检验法和关联度检验法进行精度检验。最后，当精度符合要求时，则可用模型进行风险分析。

通过对城市安全风险进行识别、估计与评价，能够明确城市面临的单个风险和总体风险；能够明确城市各类风险发生的概率以及城市风险发生后的影响大小，从而最终确定城市安全管理的重点，为城市安全管理决策的制定奠定坚实的基础。

5.3.3.4 制订城市风险的应对措施

在确定城市面临的各类风险后，要根据风险辨识、估计、评价结果，城市风险管理团队能力、可供选择的城市风险应对措施等制定具备可操作性的城市安全风险应对措施。

（1）城市安全风险的规避措施。城市风险规避是考虑到城市突发事件风险及其所导致损失较大时，主动放弃或终止可能导致该突发事件风险的项目，以避免与该项目相关的风险及其所导致损失的一种处置风险的方法。在突发事件发生之前将风险因素完全消除，从而完全消除了这些风险可能造成的各种损失。因此，风险规避是一种最彻底的风险处置技术，而其他风险处置技术，则只能减小风险发生的概率和损失的严重程度。

城市风险规避需要有一定的条件，并不是对所有的风险都能采取规避措施。通常对于自然灾害，比如暴雨、地震、洪水等，我们就无法完全规避。但对于人类社会的相关活动，就有相当一部分的风险可以采取规避的方式减少损失。例如，对于一些高风险的投资项目，在明确知道面临高风险时，可以放弃该投资，从而规避风险，但是在规避风险的同时又会丧失一些机会，因为机会风险与机会利益总是相对的。

（2）城市安全风险的预防措施。城市风险预防是指通过事先制定的预案、措施，对城市安全风险进行预先控制，防止某类风险的发生，减小损失发生的可能性及损失程度。风险预防的实施条件是：在不利事件发生之前，能够预见到它的发生，而且对不利事件的发生后果有较清楚的认识，能够制订出切实可行的风险预防方案。

例如，兴修水利、建造防护林就是预防城市洪水灾害的典型例子。预防风险涉及一个现时成本与潜在损失比较的问题：若潜在损失远大于采取预防措施所支出的成本，就应采用预防风险手段。以兴修堤坝为例，虽然施工成本很高，但与洪水泛滥造成的巨大灾害相比，就显得微不足道了。

（3）城市安全风险的控制措施。城市风险控制指的是人们在对城市安全风险发生机制了解不是很清楚的情况下，为了最大限度地降低城市安全风险发生的概率和减少城市安全风险的损失程度而采取的城市风险控制措施。通常可以根据风险管理经验和风险趋势预测制定一些措施来控制城市安全风险的损失[161]。具体而言，降低城市风险的措施包括以下内容：首先，确定可以选择的降低风险的措施；其次，评估待选的降低风险措施；再次，选择合适的降低风险措施；最后，制订计划实施降低风险措施。其中，确定可选的降低风险措施需要考虑城市安全风险的特点，列出可能实施的降低城市安全风险的具体措施，具体包括消除城市安全风险、降低城市安全风险发生的可能性、减少城市安全风险带来的损失以及准备应承受不可避免的风险等。可选择的降低风险措施可能来源于不同决策者的建议，不同领域的专家可能给出不一致的建议和意见。选择相应的控制措施以后，要进一步对选择的措施进行综合评估，从而选出最合适的措施。

（4）城市安全风险的转移与保险。风险的转移指的是在风险事件发生时将损失的一部分或全部转移给另一方。通过转移城市安全风险而得到安全保障，是一种应用范围最广、效果最为有效的风险应对手段之一，而保险是风险转移的一个常用的典型方法。

城市安全风险转移的方式包括保险转移和非保险转移。非风险转移不是降低城市安全风险发生的概率和减轻城市风险的不利后果，而是借用合同或协议，在风险事故一旦发生时将政府和企事业单位的损失转移到有能力承受或控制城市安全风险的个人或组织，通过该方式实现了风险承担主体的转移。具体来说，非保险转移的方式包括分包、出售、担保、合资经营、开脱责任合同等。

保险是风险转移与分散的重要工具，在城市安全风险防控中起到越来越重要的作用。通过保险等工具将城市安全风险进行转移，当城市安全风险发生时，风险受害者可以从保险公司获得一定的保险赔偿，从而有效降低城市安全风险带来的损失。保险自身并不能降低城市安全风险或风险损失，只是将城市安全风险承担主体的风险转移给了保险公司。一般情况下，运行良好的保险系统可以赔付的金额可能远远高于城市安全风险受害者损失的金额，这主要取决于保险公司等的资本运营状况、风险管控能力以及对潜在风险的估计准确度等。

但是，需要注意的是不是所有的城市安全风险都是能够通过保险进行转移的，一种风险是否可以利用保险将其转移取决于风险的可保性，以及市场对该种保险的需求。具体来说，风险的可保性取决于两个条件：一是需要保险公司根据风险的概率以及潜在的损失计算纯保险额度（Pure Premium，PP）；二是需要保险公司根据道德风险、市场风险、环境风险等其他因素进行风险综合分析，再根据纯保险额度，计算出实际可以提供的保险额度，以及承保的范围。如果不能满足上述两个条件，就认为该风险是不可保的[162]。

另外，保险在城市灾后重建中也起着相当大的作用，通过保险赔付及时增加资金的流动性，可以提高灾后重建的速度，从而有效降低潜在的间接损失。因此，从城市经济发展角度来讲，在城市应急管理中积极应用保险工具，在为保险公司提供更多商业机会的同时，也能为灾后重建提供及时的资金支持，降低政府应急管理的压力，提高政府应急管理的效率。当前，由于相关风险承担主体的保险意识不强，加之保险市场存在一定的乱象，导致城市安全风险通过保险转移的积极性仍然不高。需要相关政府部门出台相关政策，进一步规范保险市场，提高保险的规范性，确保被保险对象的风险损失得以保障。同时，政府应该加强保险宣传，不断提升相关主体的保险意识，鼓励相关单位、组织、个体通过保险转移风险，降低城市安全风险造成的损失，推动城市各项规划的实施。

5.3.3.5　制订城市安全风险的监控预警机制

风险监控指的是通过对城市安全风险识别、估计、评价、应对全过程的监视和控制，从而保证城市安全风险管理能达到预期的目标。

（1）城市安全风险监控预警的原因。

①部分城市安全风险难以有效预防并消除。有些城市安全风险，如火山、地震、灾害性天气等，在现有的技术下是很难彻底预防和消除的。因此，提升风险监控技术，通过早期预警被认为是降低这些风险损失的最重要的措施之一。所以，提升城市灾害的监测预警能力是有效降低城市灾害损失的关键手段之一。

②风险分析技术与方法存在不足。由于现有的风险分析技术与方法存在一定不足，导致在开展城市安全风险分析时难免会出现偏差，导致风险识别出现漏项、风险评价出现失误的情况。因此，需要后期通过有效的风险监控及时发现上述工作中出现的漏洞，从而及时采取有效措施予以应

对，避免造成城市风险损失。

③城市安全风险和风险应对措施是不断变化的。首先，随着外界环境的不断变化，人为因素的干扰等，城市安全风险是在不断变化的。原来通过风险分析确定的关键风险现在可能消除了，而原先被认为较小的风险可能会成为关键风险，或者出现了新的城市安全风险。因此，需要通过有效的城市风险监控及时发现变化的城市风险和新的城市风险，从而采取措施予以应对。其次，随着环境的改变，之前制定的风险应对措施的效用可能会出现降低，甚至出现无效的情况，需要通过必要的风险监控监测相关措施的有效性，并及时进行风险预警，改进风险应对措施；随着技术的进步，新的可供选择的、更有效的风险应对策略可能会出现，这时候就需要及时调整原来的应对措施。因此，城市的风险监测预警是十分必要的。

（2）城市安全风险监控预警的内容。

①检查城市安全风险控制措施是否有效。由于城市面临的外界环境在不断发生变化，导致其面临的安全风险状况也在不断改变，在这样的情况下，提前根据风险评价结果制定的风险应对措施可能出现失效或者效果降低的可能[163]。因此，通过城市安全风险监控实时检查城市安全风险控制措施是否达到了预期的效果十分重要，如果发现相关措施效果不佳，及时提出预警并改进防控措施。

②记录已消除的城市安全风险。记录已经消除的城市安全风险，从而将相关风险管理资源转移到其他风险管理工作中，能够提高城市安全风险的管控效力，同时也能够在一定程度上降低城市安全风险管控的成本。因此，通过城市安全风险监控及时发现并记录已消除的城市安全风险对于城市安全管理效率的提升具有重要意义。

③再次认定未消除的城市安全风险。在城市安全风险监控中要重点关注和再次确认未被消除的城市安全风险，进一步分析相关风险是否由于外界环境改变而发生了等级上的变化，还是之前制定的风险控制措施失效了。另外，就是通过城市安全风险监控分析未消除的城市安全风险是否是新出现的安全风险，并制定相应的风险应对措施。

④当城市安全风险失控或达到临界值时发出预警。城市安全风险监控的一个重要内容是当城市安全风险失控或城市灾害特征测量值达到临界值，可能发生城市灾害时，及时预警，发布预警信息，以便政府机构、风险安全管理部门、社会公众做好风险应对准备，降低城市风险损失。

（3）城市安全风险监控与预警系统 。传统的风险监测预警框架通常分为三个阶段，如图 5–11 所示：持续监测城市灾害的特征量，如果特征量超过某一个阈值，则发出一个预警信号，表明灾害或风险即将发生。在现代的风险监测与预警理念当中，四个阶段的监测与预警框架（如图 5–11 所示）则更为广泛地被接受，其中增加了“等待反馈”的环节，其目的是确保预警能够得到正确的响应。

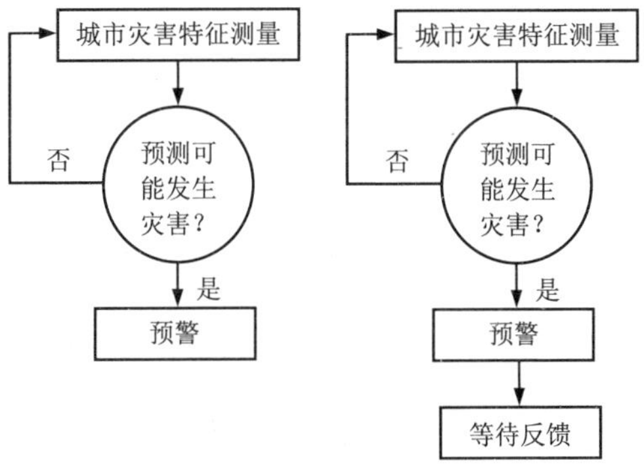

图5–11　三阶段和四阶段的风险监测与预警系统

四个阶段的监测与预警系统的关键要素包括对风险的理解、风险监测、预警信息发布以及风险响应能力[164]，如图 5–12 所示。

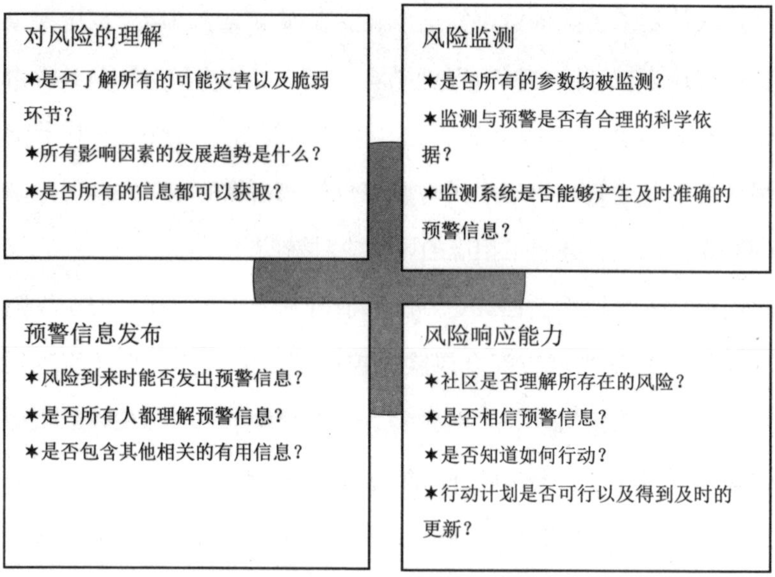

对风险的理解
★是否了解所有的可能灾害以及脆弱环节？
★所有影响因素的发展趋势是什么？
★是否所有的信息都可以获取？
风险监测
★是否所有的参数均被监测？
★监测与预警是否有合理的科学依据？
★监测系统是否能够产生及时准确的预警信息？
预警信息发布
★风险到来时能否发出预警信息？
★是否所有人都理解预警信息？
★是否包含其他相关的有用信息？
风险响应能力
★社区是否理解所存在的风险？
★是否相信预警信息？
★是否知道如何行动？
★行动计划是否可行以及得到及时的更新？

图5-12　风险监测与早期预警的关键要素

①对城市安全风险的理解。通过对城市安全风险的正确了解可知，城市安全风险往往来自灾害以及承受载体当中的薄弱环节。风险监测系统可以利用风险评估的结果设定监测的目标，基于社会、经济、环境当中的脆弱环节进行风险评估与预警。

②风险监测。监测并预测城市灾害和城市风险的发展趋势，充分利用监测技术、灾害预测技术、风险评估技术，给出城市安全风险严重性的判断。

③预警信息发布。在正确的时间将正确的预警信息及时传送给正确的对象；充分考虑城市安全决策者、城市公众是否有效接收到相关预警信息；充分分析决策者和公众收到预警信息后的反应，并根据反应情况分析预警信息的理解情况，必要时合理正确地阐释预警信息。

④风险响应能力。对预警的正确响应，包括公众对预警信息的响应，以及决策者对预警信息的响应等。分析决策者、公众在接受预警信息后的

行为反应是否有效。

提升城市安全风险监测预警能力是有效预防城市突发事件、降低城市突发事件危害的有效方法。提高城市安全风险监测预警的效率不仅仅是要发展尖端的监测技术，同时安全管理机制、安全培训与教育都会影响监测预警的效率。因此，发展高效的城市安全风险监测与预警系统应该包括以下几个方面的内容：

①发展城市在线监测与风险评估技术。

②从已发生的城市灾害监测与处理案例中获取知识，为政策的制定以及具体操作事件提供指导和支持。

③不断加强城市部门间以及不同城市系统间的数据交换，建立高效的城市安全信息交互机制，最大限度地促进城市灾害信息形成共享。

④对城市公众加强安全教育与培训，提高城市公众识别与接受预警信息的能力，从而做出正确的决策、采取适当的行为。

⑤进一步对城市安全管理者加强安全培训，提高其对城市灾害预警的认知能力和灾害应对能力。

5.3.3.6　河北省城市突发事件应急救援

城市是一个复杂的综合体，城市面临的安全风险也是复杂的，总是伴随着各类自然灾害、事故灾难、公共卫生事件和社会安全事件，城市的安全管理难度是十分巨大的。在这样的现实情况下，很难避免一切城市安全风险事件的发生。因此，应提前制订城市突发事件应急预案，明确城市突发事件应急救援的组织、责任、资源、流程，以保障城市突发事件发生后，能够及时开展有效的城市突发事件应急救援，有效控制城市突发事件蔓延，降低城市突发事件的危害与损失。

（1）城市突发事件情景构建。基于城市安全风险辨识、估计、评价及应对措施，根据以往城市自然灾害、事故灾难、公共卫生事件以及社会安全事件的特征、发展规律，对各类城市预期风险进行全过程、全方位、全景式的系统描述，从而形成城市预期的灾害情景[165]。

①城市突发事件情景分析。针对所选城市突发事件，收集相关事件的历年案例，分析所选突发事件发生的原因、发展规律、救援过程、危害与影响等，进而构建城市突发事件情景。

②城市突发事件救援任务梳理。针对构建的城市突发事件的发展规律、危害与影响、应急救援需求，进一步基于情景构建梳理城市突发事件应急救援的任务。具体来说，突发事件应对通用任务框架如图 5–13 所示。具体包括风险预防、应急准备、监测预警、应急响应和应急恢复五个方面的任务。其中，风险预防任务主要包括风险识别和风险控制；应急准备任务主要包括建立维护应急准备体系、建立和保持应急能力；监测预警任务包括突发事件监测与预警、情报信息融合与信息发布；应急响应任务包括事件现场管理与协同、抢救与保护生命、提供基本的生活保障、消除现场危害因素、保护财产和环境；应急恢复任务包括公众救助与关怀、恢复基础设施和建筑物、恢复环境与自然资源、恢复社会经济。

③城市突发事件救援能力评估。基于城市突发事件应对通用任务，分析完成相关任务所需要的能力。综合评估完成相关救援任务，分析相关救援流程是否合理？分析评估各个救援部门的协同能力；分析评估城市在电力、交通、消防、医疗、通信方面的应急能力；分析评估救援队伍的救援能力；分析各类救援资源的保障能力；分析城市突发事件舆情管控能力等。

④情景事件的后果分析。基于构建的城市突发事件发展动态以及采取的救援措施，综合分析模拟的城市突发事件可能造成的后果。主要包括以

下分析内容：一是分析模拟的城市突发事件可能造成的人员伤亡和财产损失情况；二是分析模拟的城市突发事件可能带来的城市相关业务中断，进而造成的各方面损失的可能性；三是分析模拟的城市突发事件是否会造成城市社会秩序混乱，是否会影响城市居民的正常生活与工作等；第四，分析模拟的城市突发事件是否会造成环境污染或破坏，是否会对城市居民的健康造成影响等。

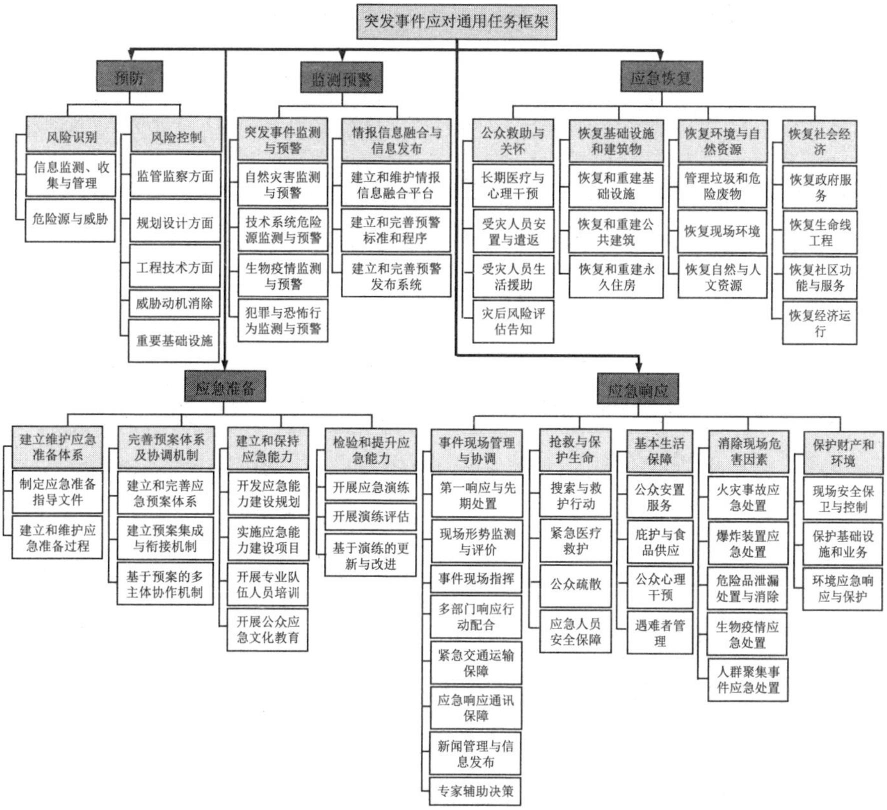

图5–13　突发事件应对通用任务框架[166]

（2）城市突发事件应急预案优化。基于上述情景构建→任务梳理→能力评估→后果分析等过程，能够综合分析得出原城市突发事件应急预案中存在的不足，从而提出改进措施。具体优化内容包括以下几个方面。

①完善城市突发事件救援能力，进一步优化救援流程，提升各部门间的协同能力。根据任务完成情况和能力评估结果，确定城市应急救援能力是否充足，进一步加强城市间应急救援的有效联合。

②针对基于情景构建的应急救援中相关救援资源的应用情况，分析救援资源存在的问题，提出具体的改进措施，进一步规范应急资源的生产、管理与协调。

③针对应急救援队伍在情景模拟中存在的问题与短板，提出提升救援队伍应急救援能力的具体措施。

④针对城市公众在情景模拟中的具体表现，分析评估城市公众在应对城市突发事件中存在的不足，提出具体的城市公众应急能力提升计划。

⑤基于情景构建制定并开展应急演练，通过应急演练提升各级部门及救援人员的应急救援能力，同时发现应急预案在事件操作中存在的问题，并进行改进。

（3）城市突发事件应急救援。以上基于城市突发事件情景构建，进一步分析了城市突发事件应急预案中存在的不足，并提出了改进措施。当城市突发事件发生后，根据新的城市突发事件应急预案，组织相关部门，遵循相应的救援流程，应用相应的救援资源及时开展城市突发事件应急救援，保障应急救援的及时性与有效性，有效控制城市突发事件，最大限度地降低城市突发事件带来的损失与影响，保障城市生产、生活有序开展。

（4）城市突发事件事后恢复与重建。城市突发事件事后恢复与重建，是应对城市突发事件过程中的最后环节。城市突发事件应急救援任务完成后，并不意味着突发事件应对活动的结束，而是进入了一个新的阶段，也就是城市突发事件的事后处理阶段。这个阶段是减轻城市突发事件损失和影响，尽快恢复城市生产、生活、工作和社会秩序的关键阶段。

①进一步落实伤员救治和事故善后工作。城市突发事件救援任务结束

后，要进一步落实伤员的救治工作，妥善安排遇难人员的善后工作，通过政府补贴、保险赔偿等形式，让伤者和遇难人员得到相关救助。另外，对于受城市突发事件影响的灾民，要立即采取有效措施予以安置，保障其正常工作与生活。

②采取或者继续实施必要措施，防止城市灾害次生事件和衍生事件发生。城市突发事件的发生往往会带来一系列的后续影响，因此，在应急救援结束后，应该采取或继续实施必要措施，有效防范城市突发事件引发的次生事件和衍生事件，最大限度地降低城市突发事件危害。以吉林双苯厂爆炸事故为例，虽然爆炸事故很快得到了控制，但是爆炸事故造成的水污染事件，以及由此引发的城市居民恐慌事件造成了很大的影响。所以，有效评估城市突发事件的后续影响，进而采取有效措施予以应对是十分必要的。

③查明城市突发事件原因，总结经验教训，避免类似事件再次发生。尽快查明城市突发事件发生原因，计算城市突发事件损失，正确做好舆论引导和信息公开工作，降低谣言和流言传播，从而有效降低城市突发事件的危害范围与程度。总结城市突发事件的经验教训，制订有效的防范措施，避免类似城市突发事件再次发生，这是城市突发事件调查的核心目标。

④组织受影响地区尽快恢复生产、生活、工作和社会秩序。重大城市突发事件的发生往往会造成较大的危害与影响，严重的会破坏城市生命线，扰乱城市生产、生活秩序。因此，在有效控制城市突发事件后，要尽快制订城市灾害后恢复重建计划，树立强有力的决心和信心，组织城市受影响地区尽快恢复生产、生活、工作和社会秩序，从而降低城市突发事件的影响。

⑤开展城市公众心理干预，降低城市突发事件的心理伤害。城市突发事件发生后，关注城市公众的心理健康是十分必要的，因为突发事件的严重破坏性会对城市居民的心理造成较大的影响。如果心理救助不及时，可

能会引发公众出现心理危机。心理危机指的是城市公众由于突然遭受严重灾难、重大生活事件或精神压力，使生活状况发生明显的变化，尤其是出现用现有的经验难以克服的困难，以致使当事人陷入痛苦不安状态，并伴有绝望、麻木不仁、焦虑以及植物神经症状和行为障碍。

城市突发事件发生后，经常会导致一定范围内人群出现心理危机。对个人来说，轻则危害个人健康，增加患病的可能，重则出现攻击性和精神损害；对社会而言，会引发更大范围的社会秩序混乱，冲击和妨碍正常的社会生活。

心理危机干预指的是针对处于心理危机状态的人及时给予适当的心理援助，使之尽快摆脱心理危机影响[167]。由于个体性格特征、灾害经历、接触突发事件的情况等存在差异，不同个体在城市突发事件后受到的心理影响程度是不一样的。一般来说，受众群体分为三类。第一类，受事件直接影响的公众，包括受伤人员和其他受害者，如事发现场或直接受影响、有可能受伤的幸存者；附近那些可能需要采取行动、避免受到进一步伤害的群体；伤亡人员的家属等。第二类，应急管理和救援处置人员，如现场指挥的管理者、现场搜救的救援人员、医疗救护人员、现场救援的志愿者、参与应急的专家等。第三类，间接参与或间接受影响的人员，例如，没有受到直接影响或与那些可能受到直接影响的人有关系的人；没有受到突发事件影响但关心、或为突发事件所震惊、或只是感兴趣的那些人；媒体人员；参与救援人员的家属等。

对于不同的群体要采用不同的方法进行心理干预。具体来说在开展城市突发事件心理干预过程中要注意以下要点：一是采取评估、干预、教育、宣传相结合的方法，提供有效的心理救援服务。尽量进行灾害社会心理监测和预报，为救援组织者提供处理紧急群体心理事件的预警及解决方法；二是心理干预工作的重点人群是事件直接影响的城市公众、应急管理和救援处置人员等高危人群，需要根据突发事件特点，人员心理影响程度，采用适当的方式进行心理干预；三是对死伤者及其家属的信息通报要公开、透明、真实、及时，以免引起激动情绪，给救援工作和心理干预带来继发性困难；四是在对伤员及其家属进行心理救援的同时，政府各部门要对参与救援人员的心理加以重视，组织他们参加集体心理辅导；五是动员社会力量参与，利用媒体的资源，向受灾民众宣传心理危机相关知识，宣传应对灾难的有效方法，动员政府人员、救援人员、医务人员、志愿者接受培训，参与心理救助活动；六是定期召开信息发布会，将救援工作的进展情况及已做的工作，让公众了解，积极主动引导舆论导向；七是协调好各部门的关系，以便心理危机干预工作顺利开展。

5.4　河北省城市安全标准化管理措施

5.4.1　进一步完善城市安全风险管理体系，提升城市风险治理能力

（1）创新城市风险隐患上报机制。随着外界环境不断变化或受到一些意外事件的影响，城市风险隐患可能时有发生，如何快速发现风险隐患，并及时采取有效措施予以消除是城市风险管理的关键。可以根据城市风险识别结果，结合城市存在风险的特征，建立城市风险隐患上报和接收平台，市民可以通过微信、QQ、电话等方式及时上报发现的城市风险隐患信息，在接收隐患信息后及时进行分析研判，并及时采取有效措施予以

消除。

（2）健全城市风险预警机制。风险预警机制能对城市即将发生风险的临界状态做出警示性提示，以便城市安全管理部门及时采取有效对策。河北省应该进一步加强城市风险监控预警系统建设，扩大城市风险监控范围，提升城市风险监控预警水平，通过完善的风险预警机制时刻监控城市风险，及时预测城市可能爆发的风险，并及时采取措施予以应对，从而有效预防城市风险事故的发生。

（3）完善城市风险应急处置机制。进一步完善河北省城市风险应急处置机制，明确各类城市风险的处置部门及职责，建立详细的城市风险应急处置方案与流程，构建完备的城市风险应急处置制度，确保在城市风险发生时做到及时救援、有序救援、有效救援。

（4）强化城市风险保障机制。进一步完善城市风险管理相关法律法规，为河北省城市预防、处置城市风险提供法律保障。建立防范各类城市风险的专职队伍，培训城市志愿者队伍，为预防和处置城市风险提供人才保障。加强城市风险应急物资储备，完善应急物资储备与管理机制，为城市处置风险提供充足的物资保障。各级政府要设定一定额度的风险处置准备金，保障城市风险日常管理和风险应急处置所需的必要费用。

5.4.2 进一步夯实基层组织风险管控基础，提升城市协同治理能力

（1）进一步加强基层组织力量。进一步加强河北省城市基层组织力量。系统梳理居委会、业委会、物业公司三者之间的关系，充分整合基层组织结构，使各级基层组织形成安全管理的合力，充分发挥基层组织在城市灾害预防方面的作用。逐步提高基层工作人员的待遇标准，吸引中青年包括大学生参与城市基层组织工作。进一步完善城市社区管理机制，提高

社区相关福利待遇，提升城市社区的公信力和社会影响力。

（2）进一步深入推进城市网格化管理。根据属地管理、地理布局、现场管理等原则，按照现代化城市管理模式的要求，加快建设和完善“发现及时、协调有序、处置有力、监督有效”的城市网格化管理运行机制。有效整合各基层、各部门的相关数据资料，构建基础信息数据库，为城市风险管理奠定基础。立足于健全城市管理长效机制，加大推进力度，不断拓展网格化管理的功能，有效推动城市安全管理工作有序开展。

（3）进一步提升基层组织的信息沟通能力。良好的信息沟通是城市灾害预防与风险防控的关键要素之一。为了有效保障城市基层组织良好的信息沟通，应该进一步完善城市基层网络系统，加强基层组织间的交流联动，从而增强城市基层组织防控城市风险的合力。

5.4.3 进一步切实改进政府社会服务质量，增强政府的社会公信力

（1）进一步完善政府工作方式。政府在提供服务的过程中要增强服务意识，坚持以人为本，确保政府城市公共服务能够贴近群众需求、满足群众需求。进一步加强城市基层调研，及时了解城市居民的实际需求，正确面对社会转型期涌现出的社会矛盾，从实际出发，妥善解决群众的相关利益问题。在面对矛盾问题时，应该多从群众视角分析问题，采取灵活、柔性的处理方式，避免群众矛盾升级。

（2）增强政府公共服务能力。强化政府民生建设意识，有效统筹城市公共服务资金，提高政府财政对科、教、文、卫、体等领域的投入比重，有序推进国有资本有计划地转向公共事业发展。依靠科技不断更新服务手

段，让城市居民能够更加便捷地享受政府提供的公共服务，从而有效增强城市居民对政府、社会的认同感。

（3）完善政府公共政策决策机制。构建规范、理性的城市公众参与民主决策机制，拓展城市居民的利益表达渠道，广泛听取民意。推进政府公共政策制度听证制度，对一些影响大、涉及城市居民利益的公共政策要采取听证制度。进一步充分发挥工会、行业协会等的组织作用，通过各类组织反映社会各方面的利益诉求，有效避免城市公众与政府直接产生矛盾。

5.4.4 进一步推动社会组织融入机制，提升城市综合管控能力

（1）重视社会组织在城市管理与灾害防控中的作用。充分认识社会组织在城市管理、城市灾害防控方面发挥的重要作用，不断完善社会组织的注册登记制度，优先并重点发展一批公共服务型和公益志愿型社会组织，并使其融入城市的灾害预防、灾害救援领域，从而增强城市的防灾、减灾、救灾力量。

（2）建立健全保障机制，推动社会组织稳定发展。不断建立健全社会组织法律、法规体系，构建明确的优惠和扶助措施，从而有效推动城市社会组织健康稳定发展，不断优化社会组织结构，提升社会组织力量，进而充分发挥城市社会组织在安全生产监督、灾害预防、灾害救援等方面的作用。进一步加强政府与社会组织的交流与协作，增强城市的综合管控能力。

5.4.5 进一步加强城市公众安全教育，提升公众的灾害应急应对能力

（1）进一步提升城市居民的风险防范意识。通过电视、广播、网络、

宣传手册等手段，开展城市安全风险教育，普及城市安全风险防范知识，使城市居民充分认识到城市风险的危害与影响，从而有效提升居民的风险防范意识。在风险防范意识增强的情况下，能够进一步提高城市居民识别风险、辨识危害的能力，从而推动城市风险识别工作的有效开展。

（2）不断增强城市居民的风险应对能力。进一步加强城市居民安全教育和应急演练，提高城市居民应对各类城市风险的能力。通过安全救援和应急演练，使城市居民掌握常见城市风险的处置能力、自救能力和互救能力。一旦发生城市灾害事件，能够确保城市居民采取有效措施开展灾害救援、自救和互救，最大程度上降低城市风险事件造成的人员伤亡和财产损失。

5.5　本章小结

建立标准化的城市安全管理模式是提升城市安全管理水平的关键因素。本章在分析了国内外典型城市安全管理模式与特征的基础上，基于系统管理思维，构建了以城市安全风险治理为核心，强调城市的全过程、全方位、全员安全管理的河北省城市安全标准化管理模式，确定了河北省城市安全管理的组织机构、部门与人员职责、安全管理制度、安全管理流程等核心内容，并提出了提升河北省城市安全管理水平的保障措施。

第6章 河北省城市社区安全标准化管理模式

社区是城市的基本单元，是城市的细胞，城市的和谐、稳定发展依赖于对社区的建设和管理。城市社区是各类突发事件的直接承受者，社区民众更是首当其冲的灾害响应者和应对者。因此，深入剖析河北省城市社区在安全管理方面存在的问题，明确城市社区安全管理的重点，从而有效整合城市社区资源、优化城市社区安全管理流程、创新城市社区安全管理模式，推动河北省城市社区安全发展，为城市居民创造安全的生活环境和工作环境，从而为提升河北省城市安全水平奠定坚实的基础。

6.1 城市社区的含义

6.1.1 社区

社区（Community）一词源于拉丁文，意思是共同的东西和亲密伙伴的关系。2000 年 12 月 12 日，《民政部关于在全国推进城市社区建设的意见》（中办发〔2000〕23 号）将社区定义为“聚居在一定地域范围内的人们所组成的社会生活共同体”[168]。

社区作为城市管理的基本单元，在城市管理中发挥着十分重要的作用。社区的主要功能包括以下几点。

（1）经济功能。社区的工厂、商店等为居民提供生产、流通、消费服务。

（2）社会化功能。社区内的家庭、学校和儿童群体对儿童与青少年的社会化起主要作用。社区的文化教育活动对青少年、成年人都产生重大影响。

（3）社会控制功能。社区各类机构与团体在维护社区秩序、保障社区安全等方面发挥重要的作用。社区的风俗习惯和规范约束居民的行为，社区的赞誉与责备等社会舆论促使居民遵从社区的风俗习惯和规范。

（4）社会福利保障功能。表现为社区居民之间的互助与共济，福利部门或慈善团体扶贫助弱，社区医院、诊所为居民提供医疗保健服务等。

（5）社会参与功能。社区为居民提供经济、政治、教育、康乐和福利等方面活动的参与机会，使居民对社区有更多的投入和更强的认同感。

6.1.2　城市社区

城市社区是指由居住在城市的一定数量和质量的人口组成的多种社会关系和社会群体，从事各种社会活动所构成的相对完整的地域社会共同体[169]。城市社区产生于第三次社会大分工时期。由于商业者和商人逐渐从农业中分离出来，聚居在交通便利、地理位置适当和利于交换的地方从事商业生产和商业活动，形成了城市社区。随着社会生产力的发展、交通的发展和贸易规模的扩大，城市社区逐渐由原始型经传统型发展为近现代型的城市社区。当前，城市社区的范畴越来越广泛，形式呈现出多样化。

6.1.3　城市社区的特征

随着城市社区的不断发展，社区规模越来越大，社区的结构越来越复杂，社区在城市中发挥的作用也越来越大。总体来说，现代城市社区具备以下特征。

（1）人口密度大、人口流动性大。城市社区不仅人口数量多，而且人口密度很大，这是城市社区的一大特征。人口密集性给城市社区的安全管理工作带来了很大难度，生活方式、文化背景、生活经验、价值观念、风俗习惯等方面的不同，在很大程度上增加了城市社区居民间矛盾出现的可能性，这对城市社区的安全和谐是十分不利的。另外，不管是居民社区、商业社区，还是工业社区，城市社区都存在着人口流动性大的特点，高人口流动性增加了城市社区的管理难度，也增加了城市社区的社会风险，为城市社区的安全埋下了较大隐患。

（2）城市社区社会结构复杂。城市社区中具有结构复杂的各种群体和组织，管理难度大。城市社区往往聚集着众多的工厂、企业、机关单位、学校，密布着复杂的商业、交通网络；基层组织遍布经济、政治、文化等社会生活各个领域。处于不同社会组织中的城市居民的安全意识、安全观念是存在较大差异的，在一定程度上加大了城市社区安全管理的难度。另外，组成城市社区中的各个组织，在风险特征、抗风险能力、安全管理方式等方面存在着不同，协同管理难度较大。

（3）社区人际关系疏远，互动性不高。与农村社区居民相比，城市社区居民间的人际关系相对疏远，互动性不高。相关调查指出，城市社区中邻里间关系比较淡漠，彼此间不知道姓名，在公共区域见面也很少打招呼，彼此之间成了“熟悉的陌生人”。由于城市社区是经过一定时间建立起来的，中间还存在着一定的人口流动，居民间相互了解程度不高，工作和生活空间不同，彼此间缺少有效的沟通时间和空间，导致城市居民间的人际关系疏远。疏远的人际关系也是城市社区管理难度大的因素之一。

（4）社区基础设施交错复杂，风险集中程度高。城市社区是电力供应设施、自来水供应设施、污水排放设施、供暖设施、供气设施、通信设施等基础设施的集中场所。一方面，相关基础设施都存在一定的风险性，致使城市社区的风险程度增大；另一方面，相关基础设施交错复杂，一方一旦出现风险，常常会引发其他基础设施出现风险。因此，城市社区的风险集中度很高。尤其是对于一些老旧城市社区，相关基础设施出现老化现象，检修维修难度大，全部更换成本高、难度高，这也在很大程度上增加了城市社区的风险程度。

正是由于城市社区存在上述特征，城市的安全管理工作重点应该放在城市社区的安全管理上。为了确保河北省城市安全发展，促进河北省经济高质量发展，深入剖析河北省城市社区安全管理方式、流程、措施，从而形成标准化的安全管理模式十分关键。

6.2　河北省城市居民社区安全标准化管理模式

6.2.1　城市居民社区的含义与特征

城市居民社区指的是聚居在一定地域范围内的人们所组成的社会生活共同体[170]。区别于其他城市社区，居民社区中的人群主要是由于共同居住而形成的有一定数量规模、相对稳定的社区。

城市居民社区配有成套的生活服务设施，具有相对独立的居住环境，城市社区中的居民主要以从事非农业生产活动为主，人口高度集中，形成了具有综合性社会功能的社会区域共同体。随着城市化进程不断加剧，现代城市社区呈现出规模越扩越大、楼层越建越高、设施越来越齐全、居民结构和交往模式越来越复杂的特点。城市居民社区具有以下几方面的特征。一是人口数量多，人口密度大。居民社区往往居住的人口数量多，人口密度很大。二是人口年龄包括各个年龄段，从安全角度来说，老年人、儿童作为相对弱势群体，加大了安全管理的难度。三是风险集中，风险后果严重。居民社区存在电力设施、给排水设施、能源供应设施、通信设施，这些设施的交互影响给居民社区的安全造成了很大威胁，一旦发生某类安全事故，波及的范围往往很大。

6.2.2 城市居民社区安全标准化管理模式

6.2.2.1 城市居民社区风险识别

根据第5章构建的河北省城市安全标准化管理模式，城市居民社区安全管理工作的第一步就是要进行安全风险识别，通过风险识别确定居民社区可能面临的风险有害因素。城市居民社区的风险识别可以采用上门排查、问卷调查、大数据排查、专业调查等多种方式综合进行[171]，最大限度地识别出城市居民社区可能存在的安全风险。

（1）自然灾害方面的风险识别。对于城市居民社区来说，面临的自然灾害方面的风险主要包括地震、暴雨两类主要风险。地震的发生会破坏居民小区的建筑物、基础设施，严重的会造成人员伤亡、财产损失，还会引发停电、停水、停气等次生灾害，从而影响城市居民社区的正常秩序。河北省历史上发生过几次比较严重的地震灾害，例如，1966年邢台6.8级地震，波及了142个市县，造成了大量的人员伤亡、建筑物损坏、财产损失；1976年唐山7.8级地震，造成24.2万人死亡，16.4万人受重伤，毁坏房屋1479万平方米，倒塌民房530万间，直接经济损失高达54亿元，城市供水、供电、通信、交通等生命线工程全部破坏；1998年张家口6.2级地震，造成49人死亡，11439人受伤，房屋破损严重，破坏面积达到650万平方米。可见，地震对河北省的影响还是很大的，居民社区基础建设应该充分考虑抗震性。

暴雨引发的城市内涝问题是近年来引发关注的一大问题。去年郑州市暴雨引发的城市内涝造成了大量的人员伤亡和财产损失，给城市建设工作带来了很大的警示。暴雨导致的城市内涝会严重影响城市社区居民的正常生活，社区居民出行难，出行存在较大的安全隐患。暴雨还会增加居民社区排水系统的负荷，破坏排水设施，形成社区积水，严重的会淹没地下室，造成较大的财产损失。

（2）社会治安方面的风险识别。对于城市居民社区来说，面临的社会治安方面的风险主要包括邻里纠纷和盗窃事件。由于城市社区居民的生活方式、文化背景、生活经验、价值观念、风俗习惯等存在差异，加之居民之间日常缺乏有效的沟通，可能日常生活中的一些小事就会引发邻里矛盾。例如，2020 年河北省吴桥县某小区居民由于一点儿言语误会导致肢体冲突，最后导致一名 1 岁幼儿在冲突中受伤，造成了很大的社会影响。

盗窃案件是居民小区发生频率较高的安全风险事件，往往会给居民造成一定的经济损失，严重的还会给居民造成心理恐慌。当前，大多数小区都存在租房的情况，人口流动性较大，进一步加大了社区对居民人口管理的难度，也给不法分子造成了可乘之机。例如，2017 年河北省邯郸某小区发生的 400 万元现金被盗案，社会影响很大。

（3）事故灾难方面的风险识别。对于城市居民社区来说，面临的事故灾难方面的风险主要包括火灾事故、燃气事故、大面积停水事故等。火灾事故是家庭多发事故，由于居民防火意识不强、线路老化、电动车充电等原因引发的火灾案例很多。例如，2019 年 5 月，石家庄某小区由于杨絮起火引发火灾事故；2022 年 5 月衡水一小区发生火灾，造成 1 人死亡。燃气事故也是居民小区的多发事故，后果往往非常严重。例如，2018 年 6 月，秦皇岛市海港区鑫苑小区一居民家中发生燃气爆燃事故，事故致 1 死 1 伤；2022 年 5 月 16 日 17 时 6 分，河北三河市行宫东街道二三小区 15 号楼一住户发生燃气爆燃事故，现场两人受伤。另外，由于供水管网引发居民小区停水也是需要关注的事故。例如，2021 年 9 月 1 日至 9 月 22 日，石家庄某小区 20 多天内停水多达四次，给该社区居民的生活造成了诸多困扰。

（4）公共卫生方面的风险识别。对于城市居民社区来说，面临的公共卫生方面的风险主要包括传染病和食品卫生事件。在新冠肺炎疫情影响下，城市居民对其他传染病的关注程度变得低了，但是，相关传染病也是不容忽视的。例如，2022 年 4 月 1 日 0 时至 4 月 30 日 24 时，河北省共报告乙类传染病 12 种，丙类传染病 7 种，其中，共报告乙类传染病 7418 例，报告发病数居前五位的病种为病毒性肝炎、肺结核、梅毒、布病和痢疾，占乙类传染病发病总数 96.99%，死亡 13 例。

食品卫生安全问题也是城市社区居民应该十分关注的问题，否则会引发食物中毒事故。例如，2019 年 6 月 25 日，河北省公安厅召开食品安全周新闻发布会，发布十起危害食品安全犯罪典型案例。这十起典型案例涉及生产销售不符合安全标准的食品案、生产销售有毒有害食品案、生产销售伪劣产品案、生产销售伪劣白酒案等。这些非法行为不仅严重影响了河北省食品市场秩序，更在很大程度上严重威胁了人民的生命健康安全。

6.2.2.2 城市居民社区风险估计与评价

城市居民社区风险估计指的是根据居民社区基础设施状况、安全管理状况、科技支撑状况、社区居民安全风险意识等对识别出来的安全风险进行定性和定量分析，分析和判断各类安全风险发生的可能性及损失后果的大小。城市居民社区风险评价指的是将风险估计结果与相应的风险标准进行比较分析，确定各类安全风险的等级大小，处置的优先次序以及风险控制的关键点等，为下一步开展风险控制提供科学依据。

在自然灾害风险方面，对于城市居民社区面临的地震风险，主要从居民社区住宅建筑物密度、建筑物结构特征、避难场所建设情况、居民防震意识与应急演练情况等方面综合估计地震风险后果的大小。对于城市居民社区面临的暴雨风险，主要从居民社区住宅建筑物密度、社区内道路数量与状况、社区给排水设施状况、社区排水设施检修状况等方面综合估计暴雨风险后果的大小。

在社会治安风险方面，对于城市居民社区面临的邻里纠纷风险，主要从居民社区管理制度、社区居民沟通交流渠道和平台数量、社区居民生活方式等方面综合估计风险发生的概率及风险发生后的危害大小。对于城市居民社区面临的盗窃风险，主要从居民防盗意识、家庭防盗措施情况、社区安保情况、社区“天眼”系统支撑情况等方面综合估计风险发生的概率及风险发生后的危害大小。

在事故灾难风险方面，对于城市居民社区面临的火灾事故风险，主要从社区燃气供应设施状况及检修力度、居民防火意识、家庭防火和灭火设施配备情况、社区交通便利情况、消防设备配备情况、消防站距离社区远近情况等方面综合分析火灾事故发生的可能性及火灾事故的危害程度。对于城市居民社区面临的燃气事故风险，主要从社区居民燃气管理设施状况、燃气设施检修力度、家庭应对措施等方面综合分析燃气事故发生的可能性及燃气事故的危害程度。对于城市居民社区面临的大面积停水风险，主要从社区供水设施状况、社区供水设施检修力度、社区周围基建状况等综合分析大面积停水事故发生的可能性及停水的危害程度。

在公共卫生安全风险方面，对于城市居民社区面临的传染病和食品卫生事件风险，主要从居民卫生意识、社区卫生状况、社区医院状况、社区卫生制度、城市公共卫生风险防控制度等方面，综合分析此类风险发生的可能性及风险发生后的影响大小。

对于城市居民社区风险评价，可以将上述风险估计结果与相应的风险标准进行比较分析，从而确定城市居民社区面临的各类风险的大小，并将风险由大到小进行综合排序，确定居民社区面临的关键风险，从而明确各个社区安全风险管控的重点和关键点，为城市居民社区风险应对措施的制定和选择奠定基础。

6.2.2.3 城市居民社区风险控制

依据城市居民社区风险估计及风险评价结果，对社区面临的各类风险进行系统综合分析，结合城市居民社区人力资源、物力资源、信息资源、科技支撑等情况，重点考虑社区安全风险治理的薄弱环节和社区应急管理能力，进而确定详细的安全风险治理策略和措施，从而有效消除（规避）、转移、降低城市社区安全风险或减轻城市社区风险事件带来的危害。

6.2.3 城市居民社区安全管理措施

（1）加强隐患排查，进一步明确社区安全管理要点。明确城市居民社区安全管理的要点是做好社区安全管理工作的首要任务和关键基础。城市社区要通过建立隐患排查机制、创新隐患排查方法、建立隐患上报平台等综合措施，系统全面地排查居民社区在自然灾害、社会治安、事故灾难以及公共卫生安全方面存在的风险隐患，并针对排查出的风险隐患及时有效地采取措施予以消除，将社区风险消除于萌芽状态，从而降低城市居民社区风险的发生概率。

（2）整合社区资源，进一步优化城市居民社区安全管理流程。城市居民社区需要建立专门的安全管理组织机构，进一步优化城市居民社区安全管理工作流程，建立配套的安全管理制度，系统整合居民社区的物质资源、人力资源、信息资源和科技资源，为预防居民社区安全风险发生、降低居民社区安全风险损失奠定坚实的基础。同时，根据城市居民社区可能发生的安全风险做好应急准备工作，一旦居民社区安全风险事件发生，立即开展有效的应急救援工作，将城市居民社区安全风险损失与危害降到最低。

（3）加大科技投入，进一步提升社区安全科技水平。科技是现代城市安全管理工作的有效支撑手段。城市居民社区要在社区基础设施建设、社区监控设施、社区风险监控方面加大科技投入。通过基础设施的科技投入提升居民社区的抗风险能力和应对风险的能力；通过社区监控设施的科技投入有效震慑犯罪分子，降低盗窃案件的发生；通过社区风险监控系统的科技投入有效监控风险，及时进行风险预警，从而采取有效的风险应对措施，降低城市居民社区安全风险的危害。

（4）开展安全教育，进一步提升城市社区居民的安全意识。城市社区居民安全意识的高低与社区安全风险防控效果有着直接的联系。城市居民社区要开展社区安全文化建设，加大安全宣传力度，并定期开展有针对性的安全教育，通过安全思想教育、安全技能教育，提高城市社区居民的安全意识，促使社区居民安全用电，安全使用燃气，配备必要的应急设备，从而有效降低安全风险的发生。同时，城市社区居民安全意识和安全技能的提升也是有效应对各类安全风险的基础。

6.3　河北省城市工业社区安全标准化管理模式

6.3.1　城市工业社区的含义与特征

传统的工业社区是工业企业发展带动起来的，指的是工业厂区与围绕在工业厂区周边所建的居住区共同构成的社区，是集工作生产区与生活居住区于一体的综合性社区[172]。随着工业社区不断发展，现代的城市工业社区不同于传统的工业社区，它不再是单纯地由国有企业改革而形成的，而是由于众多相关联的企业集聚在一定区域内发展而形成的[173]。

随着城市工业企业不断发展，以及相关配套企业的发展，现代城市工业社区的规模越来越大，风险集中程度越来越高，安全管理的难度也越来越大。综合来说，现代城市工业社区具有以下几方面特征。一是工业社区建设规模越来越大。由于工业企业生产过程存在安全问题、环境污染问题，从城市规划建设角度来说，城市工业企业大多集中于固定区域，相关上下游企业、物流企业也不断集中于相关区域。因此，现代城市工业社区的规模越来越大。二是人口数量不断增多，人口流动性不断加大。随着城市工业社区规模不断增大，城市工业社区人口数量也不断增加，与工业生产相关人员的流动性也不断增大，这些特征在很大程度上加大了城市工业社区的安全管理难度。三是城市工业社区安全风险集中，交叉影响不断加大。城市工业社区往往存在着火灾、爆炸、中毒、爆燃等安全风险，而且相关风险发生后，如果处理不及时，会波及临近企业的安全生产，从而造成更大范围的事故影响。四是城市工业社区安全事故的发生往往会威胁城市居民的正常生活秩序。例如，天津港“8·12”特别重大爆炸事故发生后，全国各省上报需要搬迁的化工企业近1000家，搬迁费用预计近4000亿元人民币。为什么这么多工业企业需要搬迁呢？主要原因就是这些企业与周边社区的距离过近，存在较大的安全隐患。因此，一旦城市工业社区发生重大安全事故，很容易对城市的交通、居民安全、城市秩序等造成较大影响。

6.3.2 城市工业社区安全标准化管理模式

对于城市工业企业来说，存在着大量有毒、易燃易爆的有害物质，如果防护缺失或者防护措施出现问题，就可能引发中毒、爆炸、火灾等安全事故。对于工业社区，可以根据如图 6–1 所示的流程进行安全风险分析。

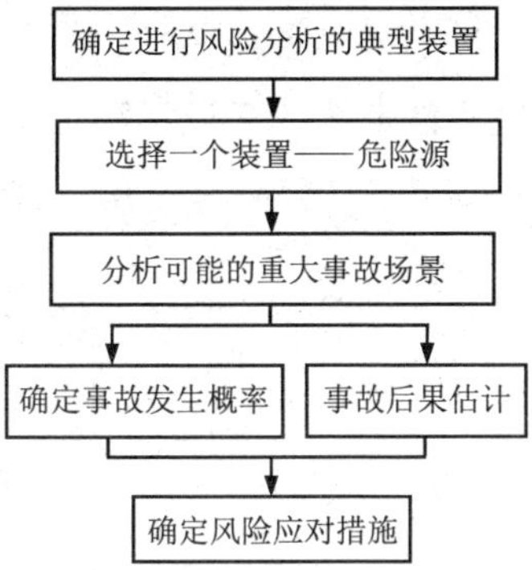

图6–1　城市工业社区安全风险分析流程

6.3.2.1　城市工业社区安全风险识别

对于城市工业社区来说，面临的风险主要是事故灾难，因此，在进行风险识别时应该将工作重点放在事故灾难风险的识别中。对于工业社区来说，面临的主要安全风险包括火灾事故、爆炸事故、工业中毒事故。工业火灾事故一般是由工业企业中的可燃物自燃、危险物品相互作用、电路失修老化、违反安全操作技术规程等原因造成的。例如，2019 年 10 月 24 日 3 时 30 分，邯郸武安河北兴华钢铁有限公司烧结车间皮带通廊着火造成 7 人死亡。爆炸事故分为化学爆炸和物理爆炸两种形式。化学爆炸是指在极短的时间内，由于可燃物和爆炸物品发生化学反应而引发的瞬间燃烧，同时生成大量热量和气体，并以很大压力向四周扩散的现象。物理爆炸是一种纯物理过程，如蒸汽锅炉爆炸、轮胎爆炸等，多数是由于物质受热、体积膨胀、压力剧增、超过容器耐压引起的。爆炸时没有燃烧，但有可能引发火灾，而化学爆炸的火灾危险性要大得多。对于工业社区，上述两种爆炸风险都是存在的。例如，2018 年 11 月 28 日发生的张家口爆炸事故，由于河北盛华化工有限公司氯乙烯泄漏扩散至厂外区域，遇到火源发生爆燃，造成 24 人死亡、21 人受伤的特别重大事故。工业中毒，是工业生产过程中，由于个体接触生产性毒物而引起的中毒。冶金、机械、电子、化工、矿业、交通运输、建筑以及军事工业等，在生产过程中往往使用或产生一些有毒物质，称为生产性毒物或工业毒物，其种类很多，且经常几种毒物同时存在，这对企业工人的威胁是很大的。例如，2017 年 5 月 13 日，河北省沧州市利兴特种橡胶股份有限公司发生的氯气泄漏事故，导致该公司现场员工及附近人员出现中毒，周边群众 1000 余人被紧急疏散，事故造成 2 人死亡、25 人受伤入院治疗。

除了上述三类后果较为严重的工业安全事故外，工业企业还会发生高处坠落、机械伤害、物体打击等事故，相对于上述三类事故，这些事故造成的后果可能没有那么严重，但是这些事故发生的频率是相对高的，也应该引起工业企业的重视。另外，某些自然灾害，如地震、雷电等也可能诱发工业企业出现特定的安全事故，也是需要企业引起关注的。

6.3.2.2 城市工业社区安全风险估计与评价

城市工业社区风险估计指的是根据工业社区危险源状况、防护隔离措施状况、安全隐患排查治理状况、设备检修状况、应急救援准备情况、安全培训情况等进行定性和定量分析，分析和判断各类工业社区安全风险发生的可能性及损失后果的大小。城市工业社区风险评价指的是将风险估计结果与相应的风险标准进行比较分析，确定各类安全风险的等级大小，应对的优先次序以及风险关键的控制点等，为下一步开展城市工业社区风险控制提供科学依据。

6.3.2.3 城市工业社区安全风险控制

依据城市工业社区风险识别、估计及评价结果，对工业社区面临的各类风险进行系统综合分析，结合城市工业社区人力资源、物力资源、信息资源、科技资源等情况，重点考虑工业社区安全风险治理的薄弱环节和工业社区应急资源能力，进而确定详细的安全风险治理策略和措施，从而有效消除（规避）、转移、降低风险发生的概率或减轻风险事件带来的危害。对于城市工业社区安全风险的控制，除了做好企业内部控制以外，还要采取有效措施防止工业安全事故的发生，对临近工业社区、居民社区以及其他城市设施、城市其他居民造成危害。

6.3.3　城市工业社区的安全管理措施

（1）科学评估，做好城市工业社区的选址工作。将城市工业社区建设纳入城市的长远规划中，在城市工业社区建设之前，一定要做好科学的风险评估工作，严格按照相关规定建设，确保城市工业社区工业事故的发生不会影响工业社区周边社区的安全，也不会影响城市居民的生命财产安全及生活秩序，在最大程度上降低城市工业社区安全事故的危害与影响。

（2）落实安全培训工作，提升企业员工工作能力。工业企业要严格按照《安全生产法》的相关规定，做好企业员工的安全培训工作，让员工熟悉工作场所状况、具备必需的安全知识、工作技能、事故预判和应对能力，从而有效降低个体不安全行为的出现，避免工业事故的发生。通过安全培训要让员工清楚工作场所有哪些危险因素？这些危险因素在什么条件下能够引发哪些安全事故？相应的安全事故如何发展、演化？有哪些危害与影响？并熟知具体的控制措施。

（3）加强监督检查，及时排除工业安全隐患。企业要做好日常安全检查工作，加大安全投入，及时消除企业内部安全隐患，确保安全生产有序进行；相关监管部门要做好监督检查工作，及时发现企业违法违规行为，并予以督促改正，将事故消灭在萌芽状态；社会组织和社会公众也要做好监督举报工作，及时检举工业企业的违法违规行为。通过有效消除各个工业企业的安全隐患，提升整个城市工业社区的安全管理水平。

（4）及时科学救援，有效控制事故发展态势。一旦城市工业社区发生安全事故，企业及政府部门要立即做出响应，根据事故应急预案及时有效地开展事故救援工作，在最短的时间内控制事故的发展，降低事故的影响，避免工业社区安全事故的发生波及城市其他区域。同时，要做好伤员的医疗救治、心理干预等工作；做好家属的安抚慰问工作；做好城市秩序的维护工作。

6.4 河北省城市商业区安全标准化管理模式

6.4.1 城市商业区的含义与特征

城市商业区是指城市内部全市性或区级商业网点集中的地区[174]。商业区一般都位于城市中心或交通方便、人口众多的地段，通常以全市性的大型批发中心和大型综合性商场为核心，由几十家甚至上百家专业性或综合性商业企业组成。

城市商业区是城市经济活动的核心地带，包括大型商场、剧院、饭店、电影院、网吧、酒店等综合性较高的商业点。总的来说，现代城市商业区具有以下特点。一是商店多、规模大，商品种类齐全，可以满足消费者多方面的需要，向消费者提供最充分的商品选择余地。二是城市商业区人员密集度高，人员流动性大。城市商业区具有办公人员多、购物消费人员多、物流配货人员多等特点，除了固定办公人员，其他人员的流动性比较大。三是城市商业区安全风险多，安全管理难度大。城市商业区存在火灾事故、踩踏事故、高处坠落事故、盗窃案件、治安事件、公共卫生安全事件等安全风险，安全管理难度非常大。

6.4.2　城市商业区的安全标准化管理模式

6.4.2.1　城市商业区安全风险识别

（1）自然灾害方面的风险识别。对于城市商业区来说，在自然灾害方面主要面临来自地震、暴雨、大风三类风险带来的影响。地震的发生会破坏商业区的建筑物、基础设施，严重的会造成人员伤亡，还会引发停电、停水、交通设施破坏等次生风险。暴雨主要会造成城市商业区出现内涝，不仅会破坏商业区的基础设施，还会影响商业区的交通，阻碍相关人员出行，严重的还会引发交通事故。图 6–2 为 2016 年河北省暴雨造成邯郸市某商业区出现严重内涝，不仅破坏了商业区基础设施，还影响了商业区的正常营业。大风灾害对城市商业区的影响主要是大风会将商业区建筑物外侧的附着物、广告牌、门牌等吹落，从而造成人员伤亡或财产损失。

图6–2　暴雨对城市商业区的影响

（2）社会治安方面的风险识别。对于城市商业区来说，面临的社会治安方面的风险主要包括打架斗殴和盗窃事件。由于城市商业区人员数量多，人口流动性大，治安管理难度很大，容易出现纠纷，从而引发打架斗殴事件，危害城市安全。例如，2018年邯郸市某辖区某饭店发生一起打架斗殴事件，造成3人轻伤，舆论影响很大。

盗窃案件是城市商业区多发的安全风险事件，往往会带来一定的经济损失，严重的还会给居民造成心理恐慌。例如，2017年9月至10月，石家庄新华辖区金亿城、福兴阁、湾里庙等商场连续发生针对商场、商户的柜台盗窃案，致使相关商户出现了严重的经济损失，同时导致其他商户的心理恐慌。

（3）事故灾难方面的风险识别。对于城市商业区来说，面临的事故灾难方面的风险主要包括火灾事故、踩踏事故等。城市商业区是火灾高发区，由于商店密集、人员众多，火灾事故的发生往往会造成较大的危害与影响。例如，2017年12月18日，保定市白沟一商厦因电焊施工不慎引发可燃物着火，过火面积350平方米。2019年7月24日，沧州市解放路同天购物中心附近某饭店发生火灾事故。踩踏事件是城市商业区容易发生的事故，因为城市商业区人员密集度高，在发生火灾或其他类风险的情况下，人们在不明情况的情境下，往往会出现严重的心理恐慌，第一时间向建筑物出口逃生，在这样的情况下，很容易出现踩踏事件。

（4）公共卫生安全方面的风险识别。对于城市商业区来说，存在着大量的饭店、街边小吃等，食品卫生事件是比较容易发生的。例如，2010年4月30日，衡水某饭店发生疑似食物中毒事件，共发病133人，其中住院治疗73人。2021年8月6日，河北省衡水市6家餐饮饭店被停业整顿，原因是未按要求管控冷链食品，存在卫生环境脏、乱、差等问题。

6.4.2.2　城市商业区安全风险估计与评价

在自然灾害风险方面，对于城市商业区面临的地震风险，主要从城市商业区商业建筑物密度、建筑物结构特征、避难场所建设情况、商户防震意识与演练情况等方面综合估计地震风险后果的大小。对于城市商业区面临的暴雨风险主要从城市商业区建筑物密度、社区内道路数量与状况、社区给排水设施状况、社区排水设施检修状况等方面综合估计暴雨风险后果的大小。对于城市商业区面临的大风风险主要从商户的风险意识、城市商业区建筑外围防护措施、城市商业区风险隐患排查力度等方面估计大风是否会造成风险以及可能的风险损失程度。

在社会治安风险方面，对于城市商业区面临的打架斗殴风险，主要从城市商业区治安管理制度、社区商户间沟通交流渠道和平台数量、社区商户工作方式等方面综合估计风险发生的概率及风险发生后的危害大小。对于城市商业区面临的盗窃风险，主要从商户防盗意识、商户防盗措施情况、城市商业区安保情况、城市商业区“天眼”系统支撑情况等方面综合估计风险发生的概率及风险发生后的危害大小。

在事故灾难风险方面，对于城市商业区面临的火灾事故风险，主要从社区燃气供应设施状况及检修力度、商户防火意识、商户防火和灭火设施配备情况、社区交通便利情况、消防设备配备情况、消防站距离社区远近情况等方面综合分析火灾事故发生的可能性及火灾事故的危害程度。对于城市商业区面临的踩踏事故风险，主要从城市商业区的日常人口密度、节假日人口密度、城市商业区建筑物出口状况、城市商业区人流控制措施等方面进行综合分析，判断城市商业区出现踩踏事件的概率以及出现踩踏事故可能造成的危害大小。

在公共卫生风险方面，对于城市商业区面临的食品卫生事件风险，主要从商户和消费者卫生防范意识、城市商业区卫生状况、城市商业区卫生管理制度等方面综合分析此类风险发生的可能性及风险发生后的影响大小。

对于城市商业区的风险评价，可以将上述风险估计结果与相应的风险标准进行比较分析，从而确定城市商业区面临的各类风险的大小，并将风险由大到小进行综合排序，确定商业区面临的关键风险，从而明确各个社区安全风险管控的重点和关键点，为城市商业区风险应对措施的制定和选择奠定基础。

6.4.2.3 城市商业区安全风险控制

依据城市商业区的风险估计及评价结果，对城市商业区面临的各类风险进行综合分析，结合商业区安全管理相关资源，如安全人力资源、安全物力资源、安全信息资源、安全科技资源等，从城市商业区基础设施改进、治安管理水平提升、商户安全意识与能力培养、应急能力建设、公共卫生管理水平提升等方面，系统提升城市商业区的风险应对能力，避免城市商业区安全风险的发生，降低城市商业区安全风险危害程度。

6.4.3 城市商业区的安全管理措施

（1）加强隐患排查，进一步明确城市商业区的安全管理要点。城市商业区应该进一步加强隐患排查力度，明确城市商业区在自然灾害、社会治安、事故灾难以及公共卫生安全方面存在的具体风险因素，并通过风险估计和风险评价确定城市商业区的关键风险，从而明确城市商业区安全管理工作的重点和难点。另外，城市商业区相对于城市居民社区、城市工业社区来说，在商业结构、商业布局方面是不断变化的，城市商业区面临的风险也是不断变化的。因此，城市商业区的隐患排查工作应该是动态的，风险防控措施也应该持续优化。

（2）不断优化安全管理资源，提升城市商业区的安全管理水平。不断完善城市商业区的安全管理组织，创新安全管理流程，不断优化安全管理物质资源、人力资源、信息资源和科技资源，革新安全管理制度，提升安全科技支撑，确保城市商业区安全管理工作实现流程化、标准化、规范化。根据城市商业区面临的各类风险状况及危害后果，建立城市商业区各类风险事故应急救援预案，备齐应急救援所需的各类资源，确保城市商业区发生风险时，能够做到及时有效救援，最大限度地降低安全风险损失。

（3）开展安全教育，进一步提升商户的安全意识。城市商业区商户的安全意识与商业区安全风险防控有着直接的关系。城市商业区应该加强商业区商户的安全意识教育、安全应对措施培训，提升城市商业区商户预防和应对各类安全风险的能力。通过安全教育让商户加强安全防范，确保商业区不发生安全风险。通过安全应对措施的培训，让商户掌握必备的应对技能和方法，确保商户在安全风险发生初期及时采取有效措施，避免安全风险进一步扩散，降低安全风险损失。

（4）加强应急演练，提升城市商业区的人员疏散能力。城市商业区人员密集，一旦发生安全风险，人员疏散工作效率是降低风险损失的重要保障。为了提升城市商业区的人员疏散能力，除了保障商业区相关出口畅通之外，还要进一步加强应急演练，提升城市商业区的应急疏散能力。当城市商业区发生诸如火灾事故时，能够确保商户、顾客及时撤出相关建筑，最大限度地降低城市商业区安全风险损失与危害。

6.5 河北省城市校园安全标准化管理模式

6.5.1 校园的含义与特征

校园指的是用围墙划分出某学校可供使用范围（包括教学活动、课余运动、学生和某些与学校相关人员的日常生活等）内的区域。校园又分为幼儿园、小学学校校园、中等学校校园、高等院校校园。校园安全不仅关系到学校的日常教学、科研、生活秩序，而且关系到学生的切身利益。

对于各类学校校园来说，具备以下特点。一是校园学生人数多，密度大。不管是幼儿园、小学、中学还是大学校园，学生数量多，在很大程度上加大了学校安全管理的难度。二是学校校园管理部门多，涉及教学、教务、行政、财务等，相关部门各司其职，很难形成安全管理合力，这对校园安全管理是不利的。三是校园周围往往商户多、交通复杂，在治安、交通方面对学生存在一定威胁。四是各类学校安全形势存在差别。相关研究表明，幼儿园和小学阶段家长和老师对学生的安全监管力度较大，高中和大学阶段的学生具有一定的自我防护意识，所以受到伤害的比例相对较低；而处于生长发育期的初中学生，自主意识比较强，又具有一定的能动能力，但由于其认知水平和自控能力相对较弱，所以这个阶段的学生较容易受到各类伤害。

6.5.2　校园安全标准化管理模式

6.5.2.1　校园安全风险识别

相比于城市居民社区、城市工业社区和城市商业区来说，学校校园的复杂程度相对较低，但是其安全管理内容繁多，安全管理难度较大。通过对以往学校校园安全事件分析总结可以得出，学校校园的安全管理工作涉及校园治安、消防安全、交通安全、食品卫生安全、建筑物安全、实验室安全、活动安全、财物安全、网络安全、心理安全等（如图 6–3 所示）多方面内容[175]。

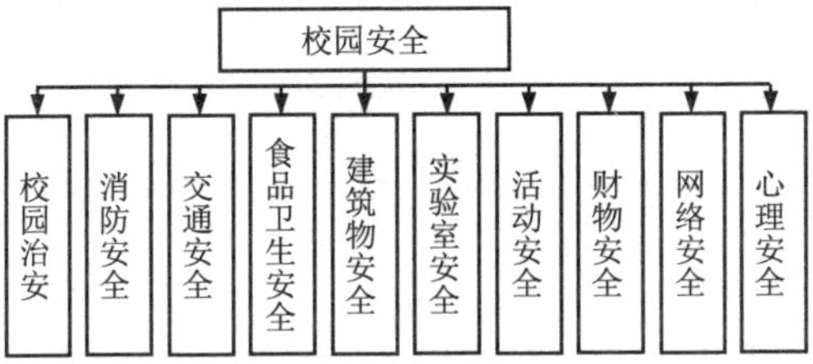

图6–3　校园安全风险

（1）校园治安风险。校园治安主要指的是学生与学生、学生与校内其他人员因为矛盾纠纷出现的打架斗殴、过失伤人事件。部分学生安全意识淡薄，容易冲动行事，可能会因为一些琐碎事件引发冲突。中学和大学阶段的学生相对来说受到校园治安方面的威胁更大一些。例如，2015 年最高人民法院向社会公布了 67 起发生在校园内的刑事犯罪典型案例，其中，发生在河北省的 19 起。这 19 起校园治安事件中，故意杀人案 2 起、故意伤害案 13 起、寻衅滋事案 3 起、抢劫案 1 起。

（2）校园消防安全风险。消防安全问题是学校校园安全管理的关键内容之一。学校电路老化、违规使用大功率电器、违规施工作业等都是诱发校园火灾事故的重要原因。另外，由于高校校园对于学生的管理较为宽松，存在学生违规使用电器的情况，由此引发的火灾事故时有发生，严重威胁了学生的生命财产安全。例如，2019 年 3 月 12 日，位于石家庄市长安区裕华路与青园街某高校宿舍发生火灾，火灾发生时有 3 名人员被困，所幸最终消防队员成功将被困人员救出。

（3）校园交通安全风险。幼儿园、中小学校内交通安全事故发生的概率相对较低，但校园门口往往交通复杂，接送孩子的家长、车辆较多，很容易引发交通安全事故。大学校园往往面积较大，校园内电动车、汽车、快递车较多，因此，高校内交通安全问题也需要引起重视。例如，2010 年 10 月 16 日晚 21 时 40 分许，在河北大学新校区易百超市门口，一辆黑色轿车撞倒两名穿着轮滑鞋的女生，河北省保定市急救中心 2010 年 10 月 17 日晚间证实，两名女生中陈姓女生因抢救无效死亡，另一重伤女生住院治疗。该起校园交通事故在造成学生伤亡的同时，也引发了较大的社会舆论。

（4）校园食品卫生安全风险。食品卫生安全问题也是校园安全管理的重点内容。一是要对校园食堂食品或原材料的采购、存储、加工制作等各个环节严格把关；二是要对食堂的餐具、卫生条件等重点管控；三是对于校外供应学生午餐的情况，要严格按照相关规定选择符合安全卫生条件标准的单位，同时要加强食品卫生检查工作。如果管控不到位，校园食品卫生事件将威胁学生的健康安全。例如，2021 年 9 月，河北霸州某学校发生校园食品卫生事件，导致 100 多名学生食物中毒，造成了较大的社会影响。

（5）校园建筑物安全风险。建筑物安全主要指的是发生在学校教学楼、宿舍楼、图书馆内外，包括坠落、高空坠物等引发的伤害事件。例如，2020 年 11 月 13 日，任丘市某小学南围墙因村民在校外违规操作挖掘机发生倒塌，造成两名学生重伤，一名轻微伤。伤者第一时间送医救治，两名重伤学生经抢救无效死亡。

（6）校园实验室安全风险。校园实验室安全事故主要发生在高校校园内，高校实验室是安全事件多发区，消防安全、用电安全、实验药品安全、设备安全等都是实验室安全管理的重点[176]。例如，2017 年 7 月 7 日，河北省某高校实验室，在制备 NiFe-LDH 复合材料过程中反应釜在马弗炉中炸裂引发爆炸，造成经济损失 7000 元。

（7）校园活动安全风险。学校学生各类活动较多，如班级集体活动、社团活动、体育比赛等，这些活动在开展过程中，人员较为密集，如果组织不当，容易引发一些伤害事件。比如，体育活动中由于运动前准备不充分造成的意外伤害，集体活动如篮球比赛、足球比赛等造成的意外伤害事故、打架斗殴事故等。

（8）校园财物安全风险。财物安全问题是学校应该重点关注的问题，学生由于自己疏忽或学校某个环节的管理漏洞，会导致学生财物失窃的情况。例如，2017 年河北省秦皇岛某中学发生盗窃事件，100 多名学生生活费被盗。

（9）校园网络安全风险。随着信息技术的发展以及电脑的普及，网络安全成为学校安全管理的新问题和新难点，网络的便捷性给学生带来便利的同时，也诱发了诸如散布谣言、诈骗、网络暴力等危害事件。一方面，要关注网络暴力事件，尤其要关注青少年上网问题，预防网络暴力事件对青少年造成的伤害。另一方面，要加强网络安全宣传，避免网络诈骗对学生造成损失。

（10）校园心理安全风险。心理安全问题是一个容易被忽略、不易被监督、危害严重的安全问题。近年来，由于心理问题导致的校园安全事件时有出现，进一步加大了校园的安全管理难度。例如，2021 年 12 月 30

日，河北省某高校通报了一起因心理问题而坠楼身亡的事故。

6.5.2.2 校园安全风险估计与评价

对于校园治安方面的风险，主要从校园治安管理人员数量、校园治安管理制度、校园周边环境与治安状况、学生自我防范意识等方面判断校园治安风险的发生概率以及安全风险的影响大小。对于校园消防安全风险，主要从建筑物结构、校园消防管理制度、校园消防设施状况、校园消防应急演练状况、校园与消防站远近等方面综合分析校园消防安全风险的发生概率以及安全风险的影响大小。对于校园交通安全风险，主要从校园道路状况、校园车辆数量与管理制度、学生交通安全意识、校园门口道路状况等方面综合分析校园交通安全风险的发生概率及风险影响大小。对于校园食品卫生安全风险，主要从学生卫生安全意识、学生用餐卫生条件、食堂卫生状况、食品及原材料安全管理制度、供应商卫生安全状况等方面综合分析校园食品卫生安全风险的发生概率及安全风险影响的大小。对于建筑物安全风险，主要从建筑物临边防护设施状况、建筑物内部设施安全状况、建筑物外层设施安全状况、建筑物日常安全检查状况等方面综合分析校园建筑物安全风险的发生概率与安全风险的影响大小。对于学校校园实验室安全风险，主要从实验室危险物质类别与数量、实验室安全管理制度、实验室安全设备设施状况、实验室安全检查次数、实验室设备老化情况等综合分析校园实验室安全风险的发生概率及安全风险的影响大小。对于校园活动安全风险，主要从参加活动的学生数量、相关活动的准备情况、相关活动的安全组织状况、校园活动安全制度情况等方面综合分析校园安全活动风险的发生概率及安全风险的影响大小。对于校园网络安全风险，主要从网络安全教育状况、学生网络安全意识、学校网络安全管理制度、学校对学生的关注程度等方面综合分析校园网络安全风险的发生概率及安全风险的影响大小。对于校园心理安全风险，主要从校园心理安全教育情况、校园心理咨询室建设情况、学生心理健康意识、学校对学生心理健康关注程度等方面综合分析校园心理安全风险的发生概率及安全风险的影响大小。

对于城市校园的风险评价，可以将上述风险估计结果与相应的风险标准进行比较分析，从而确定城市校园面临的各类风险的大小，并将风险由大到小综合排序，确定校园面临的关键风险，从而明确各个校园安全风险管控的重点和关键点，为城市校园风险应对措施的制定和选择奠定基础。

6.5.2.3　校园安全风险控制

依据城市校园安全风险估计及评价结果，对城市校园面临的各类风险进行综合分析，结合校园安全管理相关资源，如安全人力资源、安全物力资源、安全信息资源、安全科技资源等，从城市校园基础设施改进、治安管理水平提升、学生安全意识与能力培养、校园应急能力建设、公共卫生管理水平提升方面系统提升城市校园的风险应对能力，避免城市校园安全风险的发生，降低城市校园安全风险的危害。

6.5.3　校园安全管理措施

（1）建立完善的校园安全管理体系。城市校园应该进一步重视安全管理工作，将安全管理有效融入日常各项管理工作之中。根据校园自身规模、管理特征建立完善的安全管理体系，确定明确的安全管理组织，明确各部门、各人员的安全责任和义务，建立清晰的安全管理流程，并构建配套的安全管理制度。加强各级部门在纵向和横向上的有效沟通，使纵向安全管理和横向安全管理工作协同、有序，形成“全员参与、纵向到底、横向到边”的立体化安全管理模式，最终提升河北省校园的安全管理能力。

（2）加强各类学校学生的安全教育。学生安全意识淡薄是引发校园安全事件的关键因素之一。因此，在开展文化知识教育的同时，必须对学生开展安全教育，提高学生的安全意识，促使学生关注安全，主动学习安全知识和应急知识，进而提升学生应对校园各类危机事件的能力，在面对危机和矛盾事件时，能够做到理智地思考问题，并做出正确的行为选择。

（3）加大学校周边环境的治理力度。一方面，学校要加强学生安全教育，促使学生形成良好的自我保护意识，正确面对和处理在校外的危机事件。另一方面，高校要加强学校周边环境治理力度，建立校园周边整治协调工作机制，维护校园及周边环境安全，消除一切危害学生的不安全因素，为学生的生活、学习创造良好的安全环境。

（4）开展校园安全文化建设。校园安全文化展示了学校的安全管理目标、安全管理方针，明确规定了学校的安全管理制度和安全管理流程，是学校开展安全管理工作的抓手。各类学校应该结合自身特点和安全管理目标加强安全文化建设，通过安全文化将学校师生、员工凝聚在一起，共同关注安全，增强安全意识、增长安全知识、改善安全习惯，进而有效降低不安全行为的出现，最终实现校园安全。

6.6 河北省城市社区安全管理保障措施

6.6.1 提高城市社区安全管理资金、技术与人员保障

（1）提高城市社区安全风险治理的资金保障。建立城市社区安全风险

治理的多渠道资金投入机制。政府要对城市社区安全风险治理提供资金支持，将相关资金纳入政府专项财政预算。同时，要广泛调动社会各界参与城市安全管理，鼓励社会组织、企事业单位为城市社区提供资金支持，逐步形成基层政府稳定投入、社会力量广泛参与的多渠道资金投入机制。

（2）提高城市社区安全治理的技术保障。有效利用大数据、物联网等智能化信息手段，提升城市社区安全风险治理工作的智能化水平。通过提高技术支撑水平，系统提升城市社区的风险识别能力、风险评价能力、风险监控预警能力。同时，建立社区和街道办的综合信息服务平台，实现风险信息的及时共享、实时监控和风险处置的集中指挥调度。

（3）提高城市社区安全治理的人员保障。建立专业的城市社区安全风险治理人才队伍，不断提升城市社区工作人员的安全风险意识、专业的风险识别与分析能力以及果断的风险处置能力[177]。一方面，可通过街道下沉社区干部的带动和指导，加强对社区工作人员的专业培训；另一方面，要充分挖掘社区其他主体的专业人才资源，通过参与和合作机制，将其吸纳到社区专业队伍中来。

6.6.2　创新城市社区风险识别方法，全面识别城市社区安全风险

（1）城市社区安全风险管理人员进行风险识别。城市社区安全管理人员对城市社区是最了解的。因此，要充分发挥相关人员的作用，对所管辖的城市社区进行系统的安全风险识别。通过风险识别，明确所在管辖社区在自然灾害、社会治安、事故灾难以及公共卫生方面存在的主要安全风险因素，初步确定城市社区安全风险管理的重点。

（2）聘请专家开展城市社区安全风险识别。在城市社区安全管理人员

自我识别风险的基础上，聘请相关专家再次对相关城市社区进行系统的安全风险识别，从专业角度进一步确认相关社区存在的具体的安全风险因素，从而确定城市社区安全风险管理的关键点。

（3）鼓励城市居民及时上报社区安全风险信息。由于城市社区面临的外界环境是不断变化的，社区面临的各类风险也是在不断变化的，部分城市社区风险只通过社区安全风险管理人员和相关专家是很难全面识别的。因此，政府应该建立城市社区安全风险管控平台，鼓励城市居民通过手机微信、手机 QQ 等通信工具及时将发现的安全风险信息报送到安全风险管控平台，并及时指定相关人员消除风险。

6.6.3 吸收社会救援力量，全面提升城市社区的风险应对能力

随着城镇化水平不断提高，城市相关要素的交叉融合程度越来越高，城市安全风险的发生往往造成大范围的影响。对于大范围的城市安全风险，单靠政府及相关救援部门，往往很难做到及时、有效的安全救援。因此，政府要吸收、鼓励社会救援力量加入城市安全风险的救援中，充分发挥社会组织的救援力量，从而全面提升城市社区的安全风险应对能力[178]，确保做到及时、有效救援，最大限度地降低城市社区安全风险损失。

6.6.4 构建社区协调治理模式，提升城市社区的综合治理能力

城市社区作为城市安全管理的基本单元，其安全管理不应该是独立的，更不应该是相互割裂的，只有有效发挥各类社区安全管理的合力，才能从根本上提升城市的整体安全管理水平。因此，城市要构建社区协调治理模式，根据各类社区特征，系统整合城市社区的人力资源、物力资源、信息资源，在应对单个社区无法有效应对的安全风险时，能够确保其他社

区第一时间进行支援，及时投入到城市安全风险的救援之中。

6.7　本章小结

城市社区的安全管理是整个城市安全管理的重要组成部分，也可以视为整个城市安全管理的缩影。本章在明确社区、城市社区概念及特征的基础上，分别构建了城市居民社区、城市工业社区、城市商业区、城市校园的标准化安全管理模式，系统分析了城市社区安全管理的流程与方法，并提出了河北省城市社区安全管理的保障措施。

第7章 研究结论

本研究基于构建的城市安全管理基础理论框架，以河北省历年城市灾害案例为分析对象，结合问卷调查结论，系统分析了河北省城市安全状况、安全管理现状、安全管理不足与问题，构建了以风险管理为核心的河北省城市安全标准化管理模式，确定了河北省城市安全管理的组织、流程、制度、保障措施；最后，以河北省城市社区为例，分析构建了居民社区、工业社区、商业区、校园的安全标准化管理模式，通过安全社区建设全面提升河北省城市安全管理水平，保障河北省城市安全工作有序开展。本研究主要得到以下结论。

（1）随着城镇化不断加剧，城市人口数量不断增多，城市系统日益复杂，加之新材料、新技术、新工艺的应用，现代城市面临的安全风险日益增多。自然灾害的破坏、人为因素的影响时刻威胁着城市的安全发展。如何整合城市各类资源、优化城市安全管理流程，进而创新城市的安全管理模式，是提升城市安全管理水平的必由之路。在京津冀协同发展、雄安新区建设的大背景下，河北省城市的发展面临着前所未有的重大机遇，同时也面临着巨大的安全管理方面的挑战。产业结构调整升级、人口流动性不断加大等因素，在一定程度上加大了河北省城市安全管理的难度。

（2）城市的安全管理工作日益复杂，难度越来越大，单纯依靠某一安全管理理论很难起到理想的安全治理效果。本研究将社会燃烧理论、城市灾害演化理论、城市风险管理理论、城市协同治理理论等有效融合，充分吸收相关理论的优点，构建了河北省城市安全管理的理论框架，为分析河北省城市安全管理问题，构建河北省城市安全标准化管理模式，提升河北省城市安全管理水平奠定了坚实的理论基础。

（3）河北省城市面临的自然灾害主要包括旱灾、洪涝灾害、大风、风雹灾害、低温冷冻、雪灾、高温、雾霾、山体滑坡、泥石流、森林火灾等。历年来，自然灾害给河北省造成了很大的影响，造成了较为严重的经济损失，也造成了一定数量的人员伤亡。

在城市社会安全方面，河北省各个城市总体上处于较为稳定的安全状态，具体表现为刑事案件逐年好转、群体性事件不断下降，这对于河北省城市安全发展是十分有利的。但是，河北省人口流动性大在一定程度上加大了河北省城市安全管理的难度，这对河北省城市社会安全是有一定威胁的，城市社会安全治理不能松懈。

在城市公共卫生安全方面，河北省城市在乙类传染病和丙类传染病防控方面面临的压力是比较大的，每年的发病率也比较高，每年 6 月、7 月和 12 月是两类传染病的高发期，防控任务艰巨。河北省城市食品药品安全管理方面取得了较好的成果，有效遏制了食品药品方面的违法、违规行为，但是食品药品方面的安全管理工作能力仍需提升。

在城市事故灾难方面，河北省第二产业比重大，工业企业多，因此，工业安全事故是威胁河北省城市安全的重要事故灾难。近年来，河北省工业安全生产形势不断趋于好转，工业安全事故率不断下降，但是生产安全形势仍然较为严峻。另外，河北省作为首都北京连接全国各地的必经之地，铁路干线和公路干线较多，面临着很大的交通安全管理方面的压力。

（4）河北省在防控城市自然灾害方面，在基础设施建设、灾害监测预警、灾害教育方面进行了较大投入，整体抗灾能力有较大提升。在自然灾害防控法律法规保障方面，近年来也取得了较多成果，有效规范了河北省自然灾害的防灾、抗灾环境。

河北省城市社会安全形势总体上处于稳定状态，在居民经济能力、公共服务能力、文化教育支撑、生命线支撑、信息保障、保险保障、社会保障方面都取得了较大成果。但是，城市社会安全需要城市居民全员参与，共同维护，河北省需要继续结合本省城市社会安全特点，不断提升城市的社会安全治理能力。

河北省城市公共卫生安全较为稳定，在城市生态环境、市容环境以及医疗环境方面有着较强的支撑能力。另外，在城市公共卫生防控法律法规保障方面，近年来也取得了较多成果，有效提升了河北省公共卫生的防控能力。

河北省城市事故灾难防控工作成果明显，第二产业抗灾保障能力、交通安全抗灾保障能力以及文化教育支撑保障能力不断增强。但是河北省作为工业大省，生产安全形势不容乐观，尤其在面临环保压力和产业结构调整升级的大趋势下，河北省工业企业面临着较大的压力，这些压力对河北省城市的生产安全构成了一定程度的威胁。

（5）通过调查发现，河北省城市居民对河北省城市自然灾害、城市社会安全、城市公共卫生安全以及城市生产安全状况的满意度是比较高的，被调查人员认为河北省城市安全管理工作是良好的，城市的安全保障能力比较高。

（6）通过系统分析和总结河北省城市安全状况、安全管理状况等得出，河北省城市安全管理存在以下问题：城市基础设施建设速度落后，抗灾能力出现不足；城市风险源不断增多，行业间交叉影响日益增大；产业结构不尽合理，第二产业负面影响较大；京津冀协同发展战略和雄安新区战略带来了新的挑战；城市应急物资及应急装备不足，物资监管效能有待提升；城市安全管理协同性不足，综合抗灾能力有待提升；城市灾害防控知识普及不足，公众抗灾意识与能力欠缺。

（7）通过分析河北省城市突发事件的影响得出，河北省城市自然灾害造成的影响主要包括：造成经济损失、人员伤亡；破坏城市生产和生活秩序；引发城市居民出现心理恐慌，严重的出现心理创伤；城市自然灾害还会在一定程度上使城市形象受损。河北省社会安全事件会造成城市经济损失和人员伤亡；严重的社会安全事件会破坏城市的生产和生活秩序，还可能使城市的形象受到损害。河北省城市公共卫生安全事件会造成经济损失和人员伤亡，危害城市公众的人身健康；严重的公共卫生安全事件会造成城市居民出现较大的心理恐慌，对城市的生产和生活秩序造成破坏。河北省城市事故灾难的发生会对企业造成经济损失和人员伤亡；会造成救援人员伤亡和心理伤害，还可能对受害者家属造成心理伤害；严重的城市事故灾难还会破坏城市的生命线系统，进而影响城市公众的生产和生活秩序；如果政府对城市事故灾难处理不当，还可能使其公信力受到影响。

（8）发达国家重要城市的安全管理逐渐趋于多元化、立体化、网络化。城市安全管理工作分工越来越明确、应急预案越发完备、流程不断优化，城市的安全管理水平不断提升。国内城市安全发展迅速，城市的安全管理模式不断得到优化，北京、上海、深圳、兰州、南宁、秦皇岛等城市都已经建立了较为完备的城市安全管理体系。

总的来说，我国城市安全管理仍然存在以下几方面不足：城市安全管理过多依靠政府，社会力量参与不足；城市综合风险管理落实不深，重心偏应急处置；城市安全管理组织机构不健全，缺乏协同性；科技创新能力不足，现代技术应用有待加强。

（9）在系统分析、总结国内外典型城市安全管理模式与特征的基础上，本研究构建了以城市安全风险治理为核心，基于系统思维，强调城市的全过程、全方位、全员安全管理，从城市安全风险辨识、风险评估、风险应对、风险监控、应急救援 5 个关键点，对城市安全风险进行综合治理。该城市安全标准化管理模式更加突出城市的风险预防，强调将风险消除于萌芽状态，同时也重视城市灾害应急救援的重要性，从而构建完备的应急救援体系，以有效应对城市突发事件的发生，有效降低城市风险损失与影响。

（10）在分析河北省城市安全管理问题、构建河北省城市安全标准化管理模式的基础上，本研究提出了以下河北省城市安全管理措施：进一步完善城市安全风险管理体系，提升城市风险治理能力；进一步夯实基层组织风险管控基础，提升城市协同治理能力；进一步切实改进政府社会服务质量，增强政府的社会公信力；进一步推动社会组织融入机制，提升城市综合管控能力；进一步加强城市公众安全教育，提升公众的灾害应急应对能力。

（11）基于构建的河北省城市安全标准化管理模式，本研究以河北省城市居民社区、城市工业社区、城市商业区以及城市校园为研究对象，构建了各类城市社区的安全标准化管理模式。在确定河北省城市社区安全管理模式的基础上，系统分析了河北省城市社区的安全风险，确定了风险识别、估计、评价的过程与方法，并提出了河北省城市社区具体的安全管理措施和安全保障措施。

（12）城市的安全管理工作是复杂的，需要不断创新安全管理方法、优化安全管理流程、整合安全管理资源、更新安全管理制度。城市的安全管理工作应该是系统的，需要人力、物力、财力、科技等的共同支撑；需要从管理和技术两个方面开展相关工作；不仅需要政府强有力的安全治理，还需要社会组织、新闻媒体以及城市公众的广泛参与。城市的安全管理工作应该是动态的，需要不断提升城市安全风险的识别、估计和评价能力，根据新的风险和新的技术，不断优化城市安全管理方法和措施，不断完善城市安全管理的模式。

参考文献

[1] 杨卡.新时代城市安全发展态势及其治理现状概析与反思[J].晋阳学刊，2019（1）：110–115.

[2] 张宇栋，吕淑然.从“城市安全”到“安全城市”——城市发展与安全的辩证分析[J].学习与实践，2018（6）：74–82.

[3] 侯佳伟.从七次全国人口普查看我国人口发展新特点及新趋势[J].学术论坛，2021，44（5）：1–14.

[4] 刘茂，李迪.城市安全与防灾规划原理[M].北京：北京大学出版社，2017.

[5] 陈宇琳，李强，张辉，等.基于风险社会视角的城市安全规划思考[J].城市发展研究，2013，20（12）：99–104.

[6] 滕五晓，罗翔，万蓓蕾，等.韧性城市视角的城市安全与综合防灾系统——以上海市浦东新区为例[J].城市发展研究，2018，25（3）：39–46.

[7] 刘奕，翁文国，范维澄.城市安全与应急管理[M].北京：中国城市出版社，2011.

[8] 田震，谢泓.城市重大工业灾害研究现状及其技术对策[J].科技进步与对策，2005（5）：36–37.

[9] 李正风，丛杭青，王前，等.工程伦理[M].北京：清华大学出版社，2018.

[10] 杜荣良.新时代公安机关提升城市公共安全风险治理能力的思考[J].国家治理，2018（26）：43–48.

[11] 刘婷婷.城市基础设施防灾能力评价及防灾能力提升规划策略[J].规划师，2014，30（7）：102–108.

[12] 易承志.大都市社会转型与政府治理协同化——一个分析框架[J].中国行政管理，2016（4）：61–66+115.

[13] 曾娜，吴建华.城市公共安全信息资源建设——兼论城建档案与城市公共安全的关系[J].中国名城，2011（6）：53–55.

[14] 王建国.安全城市设计——基于公共开放空间的理论与策略[M].南京：东南大学出版社，2013.

[15] 张捷.当前公众的信息安全意识与隐私观念调查报告[J].国家治理，2020（14）：44–48.

[16] 朱志萍.城市社会公众安全感的衡量指标与风险沟通——基于上海治安现状的分析数据[J].上海城市管理，2016，25（2）：54–57.

[17] 王景春，林佳秀，侯卫红.京津冀协同发展安全生产应急管理体系研究[J].石家庄铁道大学学报（社会科学版），2018，12（3）：1–6.

[18] 寇艳芳.京津冀协同发展进程中河北省治安维稳工作面临的问题及对策[J].河北公安警察职业学院学报，2019，19（2）：23–26.

[19] 黄弘，李瑞奇，范维澄，等.安全韧性城市特征分析及对雄安新区安全发展的启示[J].中国安全生产科学技术，2018，14（7）：5–11.

[20] 吕元.城市防灾空间系统规划策略研究[D].北京：北京工业大学，2005.

[21] 李维科，赵天宇.城市公共安全规划策略研究[J].低温建筑技术，2008（1）：127–129.

[22] 刘茂，赵国敏，王伟娜.城市公共安全规划编制要点和规划目标的研究[J].中国公共安全（学术版），2005（3）：10–18.

[23] 叶晨，徐建刚.城市公共安全定量风险评价方法研究——以长汀县城市

总体规划为例[C].中国城市规划年会，大连，2008.

[24] 张丛.浅议城市公共安全规划编制[J].城市与减灾，2010（5）：2–4.

[25] 张翰卿.安全城市规划的理论框架探讨[J].规划师，2011（8）：5–9.

[26] 万汉斌，冀永进.复杂灾害危机下公共安全规划探索[J].规划师.2011（8）：14–18.

[27] 郭湘闽，向琪，刘鹤娣，等.反恐视角下的安全城市及其规划应对——兼论城市非常规安全规划[J].规划师，2012（4）：11–13.

[28] 胡志良，高相铎.综合防灾理念下城市公共安全设施体系及规划应用[J].地域研究与开发，2012，31（2）：49–53.

[29] 陈宇琳，李强，张辉，刘奕.基于风险社会视角的城市安全规划思考[J].城市发展研究，2013，20（12）：99–104.

[30] 朱天宇. 基于环境承载力的城市社区公共安全规划策略研究[D].哈尔滨：东北林业大学，2015.

[31] 王小光，万丽.城市化进程中的城市安全规划与犯罪防控——以ZS市DH区的城区改造为例[J].犯罪研究，2016（6）：10–19，56.

[32] 阮晨.新形势下城市公共安全规划的思考[J].四川建筑，2017，37（2）：6–8.

[33] 尤勇. 城市安全视角下的海门综合防灾规划研究[D].哈尔滨：哈尔滨工业大学，2018.

[34] 李凌波.城市建设中的公共安全规划问题核心研究[J].工程建设与设计，2019（9）：121–122，125.

[35] 潘海啸，张晓赫，胡淼.“零伤亡愿景”视角下的安全城市导向规划设计[J].现代城市研究，2020（11）：16–20.

[36] 高晓明，王晓朦.韧性城市视角下防灾减灾与安全格局专项规划框架及

技术路线研究[J].小城镇建设，2021，39（11）：35–42.

[37] 铁永波，唐川.城市灾害应急能力评价指标体系建构[J].城市问题，2005（6）：78–81.

[38] 郑双忠，邓云峰，江田汉.城市应急能力评估体系Kappa分析[J].中国安全科学学报，2006（2）：69–72.

[39] 冯百侠.城市灾害应急能力评价的基本框架[J].河北理工大学学报（社会科学版），2006（4）：210–212.

[40] 杨翼舲，张利华，黄宝荣，等.城市灾害应急能力自评价指标体系及其实证研究[J].城市发展研究，2010，17（11）：118–124.

[41] 汪志红，王斌会，张衡.基于Logistic曲线的城市应急能力评价研究[J].中国安全科学学报，2011，21（3）：163–169.

[42] 贺山峰，高秀华，杜丽萍，等.河南省城市灾害应急能力评价研究[J].资源开发与市场，2016，32（8）：897–901.

[43] 闫绪娴，董焱，苗敬毅.用改进的投影寻踪模型评价城市灾害应急管理能力[J].科技管理研究，2014，34（8）：211–214.

[44] 黄飞.基于公共安全角度的城市应急能力评估指标体系建设研究[J].智能城市，2019，5（14）：19–20.

[45] 李敏. 大数据时代我国城市应急管理能力提升研究[D].武汉：湖北大学，2020.

[46] 蔡林阳，田杰芳.基于FAHP与云模型的城市防灾应急能力评价[J].华北理工大学学报（自然科学版），2021，43（3）：81–87.

[47] 胡树华，杨高翔，秦嘉黎.城市安全指标体系的构建与评价[J].统计与决策，2009（4）：42–44.

[48] 刘水承.城市公共安全评价分析与研究[J].中央财经大学学报，2010

（2）：56–57.

[49] 熊炜，李琳，张帝，等.关于建立健全城市公共安全评价体系的探讨[J].中国公共安全（学术版），2011（4）：7–8.

[50] 张英喆，李湖生，郭再富，等.安全保障型城市评价指标体系探讨[J].中国安全生产科学技术，2012，8（11）：38–42.

[51] 李忠强，杨锋，游志斌.安全保障型城市评价指标与标准[J].标准科学，2013（10）：14–17.

[52] 常艳梅.城市公共安全评价研究[D].重庆：重庆大学，2013.

[53] 王松华，赵玲.城市公众安全评价体系建设的路径选择[J].复旦学报（社会科学版），2015，57（5）：163–168.

[54] 陈岩英，谢朝武.旅游城市安全风险的游客感知评价及管理研究——以厦门为例[J].集美大学学报（哲社版），2016，19（4）：29–35.

[55] 杜静，张礼敬，陶刚.基于孕灾环境的沿海城市安全生产风险评价指标体系研究[J].中国安全生产科学技术，2017，13（5）：116–121.

[56] 庆文，王义保.基于熵权TOPSIS法的我国城市公共安全感指数评价[J].数学的实践与认识，2018，48（24）：126–133.

[57] 张崇淼，李森，张力喆，等.基于PSR模型的城市生态安全评价与贡献度研究——以铜川市为例[J].安全与环境学报，2019，19（3）：1049–1056.

[58] 陈国华，杨琴，李小峰，等.基于风险修正的城市安全风险评估方法及应用[J].中国安全生产科学技术，2020，16（9）：5–11.

[59] 潘和平，许雨晗，魏偲琦.新型智慧城市“非传统安全”评价及对策研究[J].安徽建筑大学学报，2021，29（3）：32–39.

[60] 马德峰.安全城市[M].北京：中国计划出版社，2005.

[61] 金磊.城市安全风险评价的理论与实践[J].城市问题，2008（2）：35–40.

[62] 周荣义，龚日朝.我国城市灾害风险应对现状及对策研究[J].中国安全科学学报，2009，19（11）：139–145.

[63] 刘影，施式亮.城市公共安全管理综合体系研究[J].自然灾害学报，2010，19（6）：158–162.

[64] 杨馥合，武玉梁.PDCAI闭环本质安全型城市构建方法[J].中国安全生产科学技术，2012，8（S1）：224–228.

[65] 黄典剑.城市安全发展能力评估指标体系及方法研究[J].中国安全生产科学技术，2014，10（S1）：309–314.

[66] 李升友，杨国梁，多英全，等.安全系统思想内涵及其应用研究——探讨用安全系统思想实现城市安全发展[J].中国安全生产科学技术，2016，12（7）：145–149.

[67] 孙粤文.大数据：现代城市公共安全治理的新策略[J].城市发展研究，2017，24（2）：79–83.

[68] 曹策俊，李从东，王玉，等.大数据时代城市公共安全风险治理模式研究[J].城市发展研究，2017，24（11）：76–82.

[69] 黄弘，李瑞奇，范维澄，等.安全韧性城市特征分析及对雄安新区安全发展的启示[J].中国安全生产科学技术，2018，14（7）：5–11.

[70] 钟茂华，孟洋洋.安全生产韧性管理对雄安新区发展的借鉴[J].中国安全生产科学技术，2018，14（8）：12–17.

[71] 孙华丽，项美康，薛耀锋.超大城市公共安全风险评估、归因与防范[J].中国安全生产科学技术，2018，14（8）：74–79.

[72] 马小飞.风险社会视域下城市公共安全风险防范与应急管理策略研究[J].

中国应急救援，2018（1）：20–24.
[73] 王莹.协同治理理论内涵及在城市公共安全治理中的应用[J].改革与开放，2018（19）：112–116.
[74] 金磊.安全城市的综合减灾应急管理策略[J].上海城市管理，2019，28（4）：24–28.
[75] 霍程程，黎忠凯，齐向伟.一种基于信号博弈的智慧城市智能安全管理模型[J].新疆师范大学学报（自然科学版），2022，41（1）：40–50.
[76] 佟志伟.美国“安全城市计划”及其启示[J].新视野，2013（5）：117–120.
[77] 李温.英国“安全城市战略”的启示与借鉴[J].北京人民警察学院学报，2012（5）：56–61.
[78] 王宏伟.日本城市公共安全管理的经验与启示[J].中国减灾，2009（8）：6–8.
[79] National Security Coordination Centre. The Fight Against Terror: Singapore's National Security Strategy. Singapore: National Security Coordination Centre，2004：37–40.
[80] 简森，谭禅僧.新加坡的紧急事务管理系统[J].中国减灾，2004（7）：46–47.
[81] 崔和平.新加坡的风险管理与危机防范[J].城市管理与科技，2007（1）57–59.
[82] Camargo Germán.The City as an Ecosystem， An Introduction to Urban Ecology.（Ciudad Ecosistema， introducción a la ecología urbana.）Universidad Piloto de Colombia， Greater Metropolitan Area of Bogotá.（Alcaldía Mayor de Bogotá）. Colombia，2005.

[83] SHAPIRO M J.Managing urban security: city walls and urban metis[J]. Security Dialogue, 2009, 40（4–5）: 443–461.

[84] Ahmad Nazrin Aris Anuar.The Effectiveness of Safe City Programme as Safety Basic in Tourism Industry: Case Study in Putrajaya[J]. Procedia–Social and Behavioral Sciences, 2012（42）: 477 - 485.

[85] Igor Ilin, Olga Kalinina, Oksana Iliashenko, et al.Sustainable urban development as a driver of safety system development of the urban underground[J]. Procedia Engineering, 2016（165）: 1673 - 1682.

[86] O. A Rastyapina, N. V Korosteleva. Urban Safety Development Methods[J]. Procedia Engineering, 2016（150）: 2042–2048.

[87] Jinyoung W, Jindong S, Jongseol L. Correlation analysis between the occurrence of safety accidents and land cover ratio: focused on 119 emergency activity data for Ulsan metropolitan city in South Korea[J]. Spatial Information Research, 2017, 25（5）: 1–12.

[88] Sara C.R. Marques, Fernando A.F. Ferreira, Ieva Meidut–Kavaliauskien, at al.Classifying urban residential areas based on their exposure to crime: A constructivist approach[J].Sustainable Cities and Society, 2018（39）: 418–429.

[89] Shun–Ping Xiao, Si–Wei Chen, Xue–Song Wang.Urban Damage Level Mapping Based on Co–Polarization Coherence Pattern Using Multitemporal Polarimetric SAR Data[J].IEEE journal of selected topics in applied earth observations and remote sensing, 2018, 11（8）: 2657–2667.

[90] Richard G. Little.Holistic Strategy for Urban Security[J].Journal of

Infrastructure Systems， 2004， 10（2）： 52–59.

[91] Jaime SANTOS–REYES， Tatiana GOUZEVA， Galdino SANTOS–REYES. Earthquake risk perception and Mexico City’ s public safety[J]. Procedia Engineering 2014 （84）： 662–671.

[92] Jorge G ó mez， Velssy Hern á ndez， Luis Cobo.Urnan Security System based on Quadrants[J]. Procedia Computer Science2015 （52） ： 636–640.

[93] Fu， Albert S.Connecting urban and environmental catastrophe： linking natural disaster， the built environment， and capitalism[J]. Environmental Sociology， 2016（2）： 1–10.

[94] 夏元睿，吴俊，叶冬青.数理统计学理论的奠基人：卡尔.皮尔逊[J].中华疾病控制杂志，2018，22（1）：1201–1203.

[95] Bibri， Elias S. [The Urban Book Series] Smart Sustainable Cities of the Future || Managing Urban Complexity： Project and Risk Management and Polycentric and Participatory Governance[M]. 2018：18–22.

[96] Maro Lacin á k.Implementation of Safe City Concept–Procedure of Choosing New Safety Measures[J].Transportation Research Procedia 2019 （40）： 1441–1448.

[97] Barbara Kozuch. New Requirements for Managers of Public Safety Systems[J]. Procardi a–socialand Behavioral Sciences.2014（14）： 343.

[98] Bibri， Elias S. [The Urban Book Series] Smart Sustainable Cities of the Future Mana ging Urban Complexity： Project and Risk Management and Polycentric and Participatory Go vernance[M].2018：18–22.

[99] 容志.从分散到整合：特大城市公共安全风险防控机制研究[M].上海：上海人民出版社，2019.

[100] 董华，张吉光.城市公共安全：应急与管理[M].北京：化学工业出版社，2006.

[101] 李湖生，刘铁民.突发事件应急准备体系研究进展及关键科学问题[J].中国安全生产科学技术，2009，5（6）：5–10.

[102] 翟宝辉，余勇.城市公共安全管理的短板定位与补强研究[J].上海城市管理，2015，24（5）：21–25.

[103] 胡海波.标准化管理[M].上海：复旦大学出版社，2013.

[104] 孙雪.社会燃烧理论与城市安全的优化路径分析[J].领导科学，2018（32）：4–6.

[105] 王晟旻，宋英华，刘丹，等.基于社会燃烧理论的突发公共卫生事件网络情绪传播模型[J].中国安全科学学报，2021，31（2）：16–23.

[106] 王惠琴，李诗文.基于“社会燃烧理论”的网络群体性事件防治策略[J].理论导刊，2014（5）：34–36.

[107] 牛元，等.社会物理学理论与应用[M].北京：科学出版社，2009.

[108] 韦灵桂，李雪玉，梁珣.社会燃烧理论视域下广西深入泛珠三角区域合作的对策[J].渭南师范学院学报，2020，35（7）：49–56.

[109] 陈安，刘霞，范晶洁.公共场所突发事件的应急管理研究[J].科技促进发展，2013（2）：69–77.

[110] 周丹，陈安.突发事件机理分析与公共安全标准化——以韩国MERS疫情为例[J].标准科学，2015（S1）：49–53.

[111] 陈安. 化工区的风险防范与应急管理：从高大上到低微细[N]. 北京科技报，2015–08–17（026）.

[112] 迟菲，陈安.突发事件的可减缓性评价模型的研究[J].自然灾害学报，2014，23（5）：1–10.

[113] 迟菲，陈安.突发事件衍生机理及其应对策略的研究[J].中国安全科学学报，2014，24（4）：171–176.

[114] 迟菲，陈安.突发事件耦合机理与应对策略研究[J].中国安全科学学报，2014，24（2）：171–176.

[115] 张明泉，张曼志，张鑫，等.济南“2007·7·18”暴雨洪水分析[J].中国水利，2009（17）：40–41，44.

[116] 王鹭，肖文涛.刚性管制—弹性管理—韧性治理：城市风险防控的逻辑转向及启示[J].福建论坛（人文社会科学版），2021（5）：167–175.

[117] 林聚任，刘玉安.社会科学研究方法[M].济南：山东人民出版社，2005.

[118] 孙建平.提升城市风险治理能效的精细化管理路径[J].上海城市管理，2021，30（2）：4–8.

[119] 赫尔曼·哈根.大自然成功的奥秘：协同学[M].上海：上海译文出版社，2018.

[120] 郝春榕.基于“协同治理”理论的公共危机救助研究[D].大连：辽宁师范大学，2020.

[121] 王莹.协同治理理论内涵及在城市公共安全治理中的应用[J].改革与开放，2018（19）：112–116.

[122] 何叶荣，李玲.基于多元协同的公共安全危机管理模式研究[J].淮南师范学院学报，2012，14（2）：14–17.

[123] 赵理敏，吴超，李孜军.安全协同理论的基础性问题研究[J].科技促进发展，2017，13（5）：388–394.

[124] 王莹.协同治理理论内涵及在城市公共安全治理中的应用[J].改革与开放，2018（19）：112–116.

[125] 韩重国. 河北省气象灾害应急管理体系研究[D].保定：河北大学，2016.

[126] 李璞璞. 河北省雾霾主要成分排放量的测算及结构分解分析[D].天津：天津财经大学，2018.

[127] 李靖.河北省社会治安评估指标体系研究[J].中国城市经济，2011（14）：305-307.

[128] 董文，张新，陈华斌.河北省自然灾害危险性分析及其在主体功能区划评价中的应用[J].自然灾害学报，2011，20（3）：99-104.

[129] 隋子渊.京津冀一体化下河北省第二产业现状及发展建议[J].中国民商，2018（1）：39-40.

[130] 寇艳芳.京津冀协同发展进程中河北省治安维稳工作面临的问题及对策[J].河北公安警察职业学院学报，2019，19（2）：23-26.

[131] 曹志辉，臧春光，韩彩欣，等.河北省突发公共卫生事件应急能力现状及提升策略[J].统计与管理，2015（5）：52-53.

[132] 李振军.京津冀协同发展背景下的河北省基础设施产业供给侧结构性改革[J].中国集体经济，2017（31）：54-56.

[133] 张达，李佳乐，石云.河北省自然灾害类应急预案编制现状及其影响因素分析[J].数学的实践与认识，2020，50（21）：126-136.

[134] 郭小平，石寒.地震灾害、创伤记忆与媒体的“心理危机干预”[J].成都理工大学学报（社会科学版），2010，18（4）：29-35.

[135] 王国力，张雅琪.河北省雾霾的影响分析及对策建议[J].国土与自然资源研究，2017（5）：81-83.

[136] 黄小英，肖宏斌.暴恐事件中网络谣言传播对群体恐慌心理影响及其消弭途径[J].福建警察学院学报，2015，29（5）：67-72.

[137] 雷婷，杨乃定.突发事件对城市治安环境与形象的影响研究[J].西北大学学报（自然科学版），2016，46（5）：769–773.

[138] 李秋霞. 城市突发公共卫生事件经济影响与应急处置机制研究[D].中国社会科学院研究生院，2021.

[139] 潘英媛. 突发公共卫生事件中网络情绪感染的影响因素研究[D].广州：暨南大学，2019.

[140] 徐丰良. 城市安全评价体系构建的研究[D].湘潭：湖南科技大学，2011.

[141] 杨颖. 特大型城市综合交通枢纽应急策略研究[D].上海：上海师范大学，2013.

[142] 张同林.城市人口发展过程中面临的公共安全问题及其对策[J].上海城市管理，2021，30（1）：10–18.

[143] 阮雯.特大城市安全风险管理的比较与借鉴[J].中共杭州市委党校学报，2016（6）：42–48.

[144] 林兵.由伦敦地铁连环爆炸案引发对我国城市安全应急体系的思考[J].中国安全生产科学技术，2005（5）：74–77.

[145] 陈燕申，王晓宇.英国城市轨道交通安全认证和许可制度[J].现代城市轨道交通，2012（6）：7–11.

[146] 聂家荣，陈小祥，童岩冰. 超大城市安全发展的战略构建与实施路径——以深圳为例[C].共享与品质——2018中国城市规划年会论文集，2018：285–294.

[147] 陈秋玲，王永刚，何丰，等.上海城市研究[M].北京：经济管理出版社，2018.

[148] 王璟诚. 基于政府视角的安全发展型城市创建方法研究[D].北京：中国

地质大学（北京），2020.

[149] 杨思佳. 基于“风险—能力”的安全城市评估模型研究[D].北京：北京化工大学，2020.

[150] 刘晓亮.特大城市安全风险管理的国际经验和对上海的启示[J].科学发展，2017（9）：47-56.

[151] 北京市科学技术研究院城市安全与治理创新中心[J].安全，2019，40（10）：5.

[152] 陈秋玲，王永刚，何丰，等.上海城市研究[M].北京：经济管理出版社，2018.

[153] 朱凯松. 智慧深圳公共安全应急管理体系建设研究[D].长春：吉林财经大学，2017.

[154] 卢文刚，黄小珍.超大型城市公共安全治理：实践、挑战与应对——基于深圳市的分析[J].中国应急救援，2015（2）：7-12.

[155] 钟艺. 南宁市城市公共安全应急管理机制问题研究[D].南宁：广西民族大学，2019.

[156] 李维洲，冯德定，高永冬.基于信心指数专家调查法在矿山法隧道施工风险评估中的应用[J].公路交通科技（应用技术版），2015，11（7）：215-217.

[157] 唐张伟.基于头脑风暴法与流程图法的航空制造企业某改装项目风险识别[J].江苏科技信息，2014（23）：125-126.

[158] 于江，瞿怀荣，马靓，等.基于德尔菲法构建护理安全预警指标体系[J].中国数字医学，2018，13（9）：88-90.

[159] 张其国，张中俭，丁继新.基于改进的安全检查表法的尾矿库安全现状定量评价[J].安全与环境工程，2018，25（5）：121-126.

[160] 冯长根，李杰，李生才.层次分析法在中国安全科学研究中的应用[J].安全与环境学报，2018，18（6）：2126–2130.

[161] 周宇曈. 基于灰色系统理论对生产企业的风险分析与管理研究[D].沈阳：沈阳航空航天大学，2018.

[162] 马建珍.南京城市风险治理战略研究[J].中共南京市委党校学报，2014（4）：107–112.

[163] Vlasta Molak（Editor）.Fundamentals of Risk Analysis and Risk Management. Lewis Publishers， Boca Raton New York London Tokyo，1997.

[164] 赵欢欢. 基于机器学习算法的城市风险监控网络研究[D].上海：上海应用技术大学，2021.

[165] 刘奕，翁文国，范维澄.城市安全与应急管理[M].北京：中国城市出版社，2011.

[166] 王永明.完善与发展重大突发事件情景构建技术方法的核心问题[J].中国安全生产科学技术，2019，15（2）：5–9.

[167] 王永明.重大突发事件情景构建理论框架与技术路线[J].中国应急管理，2015（8）：53–57.

[168] 安静，刘肇瑞，梁红，等.突发传染病公共卫生事件心理危机干预工作的探讨[J].中国心理卫生杂志，2021，35（9）：795–800.

[169] 张云翔，容志.我国社区服务共同生产的形成机制研究——以上海市R社区微更新为例[J].上海行政学院学报，2021，22（3）：93–100.

[170] 沈子华.我国“城市社区”的法律释义与实践发展[J].新疆大学学报（哲学·人文社会科学版），2014，42（3）：48–54.

[171] 任克强.社会治理视域下城市社区居民的形式参与：逻辑、困境及其

出路[J].南京政治学院学报，2018，34（5）：55-60，141.

[172] 张丽娜，孙书琦.超大城市基层社区公共安全风险治理困境与提升研究——基于北京市社区的调查分析[J].中国行政管理，2021（12）：142-147.

[173] 包聪敏. 城市工业社区交流互动空间景观设计研究[D].呼和浩特：内蒙古师范大学，2017.

[174] 曹勤有. 基于工业社区理念的工业园区开发研究[D].重庆：重庆大学，2011.

[175] 王芳，高晓路，张颖.城市商业区环境性能调查与评价方法研究——以北京市为例[J].城市规划，2018，42（8）：36-43.

[176] 刘建杰.高校校园安全管理影响因素及对策探讨[J].黑龙江教师发展学院学报，2020，39（12）：151-153.

[177] 李茂.高校实验室安全管理关键点的选择和控制[J].实验室研究与探索，2017，36（11）：302-306.

[178] 宗煦蕾.社区治理视角下城市社区疫情防控反思[J].法制与社会，2020（18）：120-121.

[179] 朱均煜，侯亚欣，肖磊，等.新时代社会救援力量建设可持续发展研究[J].消防科学与技术，2021，40（5）：747-750.

附录：河北省城市安全状况满意度调查问卷

尊敬的市民朋友：

您好！欢迎参与“河北省城市安全状况满意度”的调查工作！本次调查是为了了解河北省城市安全状况，提高河北省城市安全管理水平而专门设计的，旨在分析河北省市民对所在城市的安全状况以及安全管理工作的满意程度，探讨城市安全管理中存在的问题及解决方法。

本次调查采用匿名形式，所有数据仅供学术研究使用，敬请大家放心填答！

感谢您花费宝贵时间完成这份问卷！

1. 您在哪个市？

A. 唐山　B. 石家庄　C. 保定　D. 邯郸　E. 沧州　F. 邢台　G. 廊坊

H. 秦皇岛　I. 张家口　J. 承德　K. 衡水

2. 您在该市居住时间多久？

A.1 年及以下　B.1 年以上

3. 您的性别是？

A. 男　　　B. 女

4. 您的年龄是？

A.20 岁以下　B.21~40 岁　C.41~60 岁　D.60 岁以上

5. 您的学历是？

A. 高中及以下　B. 大学专科　C. 大学本科　D. 研究生

6. 您的工作身份是？

A. 政府工作者　B. 企业工作者　C. 科研工作者　D. 自由职业者

E. 学生

7. 您对所在单位或家人工作单位的安全管理工作是否满意？

A. 非常满意　B. 满意　C. 一般　D. 不太满意　E. 不满意

8. 您对本市政府安全生产监管工作是否满意？

A. 非常满意　B. 满意　C. 一般　D. 不太满意　E. 不满意

9. 您对所居住城市的整体安全状况是否满意？

A. 非常满意　B. 满意　C. 一般　D. 不太满意　E. 不满意

10. 您对所居住社区的安全状况是否满意？

A. 非常满意　B. 满意　C. 一般　D. 不太满意　E. 不满意

11. 您对本市的交通安全状况是否满意？

A. 非常满意　B. 满意　C. 一般　D. 不太满意　E. 不满意

12. 您对本市的消防安全状况是否满意？

A. 非常满意　B. 满意　C. 一般　D. 不太满意　E. 不满意

13. 您对本市的建设工程项目的安全生产情况是否满意？

A. 非常满意　B. 满意　C. 一般　D. 不太满意　E. 不满意

14. 您对本市的相关设备设施（电梯、健身器材、娱乐设施等）的安全状况是否满意？

A. 非常满意　B. 满意　C. 一般　D. 不太满意　E. 不满意

15. 您对本市相关自然灾害的防御工作及应急救援工作是否满意？

A. 非常满意　B. 满意　C. 一般　D. 不太满意　E. 不满意

16. 您对本市公共安全知识（交通安全、用电安全、应急疏散等）的宣传工作是否满意？

A. 非常满意　B. 满意　C. 一般　D. 不太满意　E. 不满意

17. 您对本市相关行业领域生产安全事故的信息公开程度是否满意？

A. 非常满意　B. 满意　C. 一般　D. 不太满意　E. 不满意

18. 您对本市获取安全生产资讯的方式（电视广播、报纸杂志等）及便捷性是否满意？

A. 非常满意　B. 满意　C. 一般　D. 不太满意　E. 不满意

19. 您对本市安全应急设施和条件（如避难场所、消防设施、防汛设施等）是否满意？

A. 非常满意　B. 满意　C. 一般　D. 不太满意　E. 不满意

20. 您对所在单位的安全生产应急能力（应急预案、应急演练等）是否满意？

A. 非常满意　B. 满意　C. 一般　D. 不太满意　E. 不满意

21. 您对本市安全生产事故追责处置工作是否满意？

A. 非常满意　B. 满意　C. 一般　D. 不太满意　E. 不满意

22. 您对本市食品安全管理工作是否满意？

A. 非常满意　B. 满意　C. 一般　D. 不太满意　E. 不满意

23. 您对本市生命线系统（供水、供电、供气等）的安全性是否满意？

A. 非常满意　B. 满意　C. 一般　D. 不太满意　E. 不满意

24. 您对本市传染病防控工作是否满意？

A. 非常满意　B. 满意　C. 一般　D. 不太满意　E. 不满意

25. 您对本市的社会治安状况是否满意？

A. 非常满意　B. 满意　C. 一般　D. 不太满意　E. 不满意

26 您对本市生活废物、废水处理工作是否满意？

A. 非常满意　B. 满意　C. 一般　D. 不太满意　E. 不满意

27. 您对本市的环境安全状况（大气、水、土壤污染等）是否满意？

A. 非常满意　B. 满意　C. 一般　D. 不太满意　E. 不满意

28. 您对本市重点区域（学校、车站、娱乐场所等）的安全管理工作是否满意？

A. 非常满意　B. 满意　C. 一般　D. 不太满意　E. 不满意

29. 您认为本市在安全管理工作中需要加强的领域是？（多选题）

A. 工业生产安全　B. 消防安全　C. 交通安全　D. 水上安全

E. 建筑工程安全　F. 特种设备安全　G. 应急管理　H. 其他

30. 您认为需要采取哪些措施提升本市的安全管理水平？（多选题）

A. 加强城市安全源头治理　B. 强化行业领域安全监管

C. 推进安全信息公开化　D. 加强安全社区建设

E. 协调整合应急资源　F. 健全城市安全防控机制

G. 提升城市应急救援能力

H. 进一步加强民众参与城市安全监督与管理

I. 其他